U0343017

西北工业大学管理学院专著出版项目资助

工业机器人的用户自定制配置设计模式

Design Pattern for Industrial Robot: a Focus on User-customized Configuration Approach

李 靖◎著

電子工業出版社
Publishing House of Electronics Industry
北京·BEIJING

内 容 简 介

本书以工业机器人为例，对用户参与设计的相关管理问题进行研究，包括用户自定制配置设计模式的提出、以该模式为指导理念的工业机器人组件化描述、组件及最终产品的配置和优化方法，从而解决产品多样化、定制化的需求与设计制造周期、成本之间的矛盾。

图书在版编目（CIP）数据

工业机器人的用户自定制配置设计模式 / 李靖著 .—北京：电子工业出版社，2019. 12
ISBN 978-7-121-38215-4

Ⅰ. ①工… Ⅱ. ①李… Ⅲ. ①工业机器人–设计–高等学校–教材 Ⅳ. ①TP242. 2

中国版本图书馆 CIP 数据核字（2020）第 005465 号

责任编辑：章海涛
文字编辑：张　鑫
印　　刷：天津雅泽印刷有限公司
装　　订：天津雅泽印刷有限公司
出版发行：电子工业出版社
　　　　　北京市海淀区万寿路 173 信箱　　　　邮编：100036
开　　本：710×1000　1/16　印张：11　　字数：169 千字
版　　次：2019 年 12 月第 1 版
印　　次：2019 年 12 月第 1 次印刷
定　　价：44. 00 元

凡所购买电子工业出版社图书有缺损问题。请向购买书店调换。若书店售缺，请与本社发行部联系，联系及邮购电话：（010）88254888，88258888。
质量投诉请发邮件至 zlts@ phei. com. cn，盗版侵权举报请发邮件至 dbqq@ phei. com. cn。
本书咨询联系方式：renwenluncong@ 126. com。

前　　言

在当今的市场中，通过配置设计得到多样化的产品已经变得越来越普遍。然而随着市场的发展，用户已经不仅仅满足于企业提供多样化的产品，而更多地要求自己参与到产品的配置设计过程中，得到完全个性化的产品。用户的参与导致设计的流程和企业的管理模式等发生了改变。

基于以上问题，本书以工业机器人为例，对用户参与设计的相关管理问题进行研究，从而解决产品多样化、定制化的需求与设计制造周期、成本之间的矛盾。

第一，通过对目前存在的设计方法的分析，提出用户自定制配置设计模式。首先，介绍了与该模式相关的理论基础，给出了用户自定制配置设计模式的定义及相关概念，包括可配置产品、组件、服务件、用户、自定制配置设计、设计平台等，并给出了与用户自定制配置设计模式相应的商业模式。其次，指出实现该模式的关键技术为平台技术，给出了用户使用平台进行设计的场景及设计过程的技术状态管理方法。最后，以工业机器人产业用户自定制配置设计为例进行了需求分析，通过案例分析得出工业机器人产业用户自定制配置设计的必要性、优势及关键技术。

第二，以组件化的理论与方法为基础，建立了产品零部件的组件化描述模型，并将模型统一为服务件。服务件包括本体面、对象面和商业面，本体面为高效准确的检索服务件提供帮助，对象面为设计过程中使用服务件提供帮助，商业面为平台管理服务件提供帮助。提出了服务件的对象实例化和组件实例化概念，将现实世界中的组件与抽象思维中的对象都统一到服务件中，通过对象实例化与组件实例化为用户提供设计支持；阐述了服务件的形成过程与扩展机制。最后，以工业机器人为例进行了组件的建模，实例表明，服务件可以对工业机器人的多领域组件进行全面表达。

第三，给出了用户自定制配置设计模板的4个构成要素，包括结构树视图、外部视图、内部约束集合和外部参数接口集合。其中，结构树视图清晰地展示了产品自配置模板的组成；外部视图与实际产品的外观类似，不同的产品类型具有不同类型的外部视图，该视图能够很快被用户理解并使用；内部约束集合保证了最终配置结果的可行性；外部参数接口集合提供了模板与用户及其他模型交互的接口。构建了工业机器人的自配置模板，并通过案例分析给出了自配置模板的使用过程。结果表明，自配置模板能够为用户提供良好的视图界面，用户可以通过简单的参数输入得到最终的产品性能参数。

第四，对用户使用设计平台进行自定制配置设计的内部算法进行了研究。首先，分析了用户使用平台进行自定制配置设计的流程。其次，对设计流程中平台所需要实现的内部算法进行了阐述，包括处理用户的模糊需求，通过服务件的On值进行基于本体相似度与相关度的服务件检索，通过服务件的Ob值进行服务件的筛选，对服务件进行赋值使其成为服务件对象，通过服务件的Ma值进行服务件对象的筛选，通过简单加权多属性决策方法对最终配置方案进行评价打分。最后，对用户的自定制配置设计内部算法进行了实例分析。

第五，针对理论研究基础设计了产品设计平台的原型系统。在系统需求分析、系统设计的基础上，对平台的主要页面进行了设计，为下一步系统开发提供指导。

由于用户自定制配置设计仍是一个不断发展、不断深入的问题，同时，还存在用户本身的异质性及用户需求的变化性、不确定性等问题，因此用户定制产品仍然有许多问题需要进一步研究及解决。针对这些问题，书中也提出了进一步的研究方向。

本书的撰写，得到了许多老师及同门的帮助。特别感谢西北工业大学同淑荣教授、秦现生教授、王克勤副教授、张新卫副教授、郑晨副教授、白晶副教授等的帮助和鼓励。同时也要感谢单位领导对我工作的支持。

最后，感谢家人的关爱和支持，他们对我的研究工作给予了全力支持与诸多鼓励。

尽管在撰写本书过程中尽心尽力，但书中难免有疏漏和不妥之处，欢迎业内专家和广大读者朋友批评指正。

李 靖

2019 年 7 月于西安

注：本研究得到国家自然科学基金面上项目（71572147）、教育部人文社科基金（17YJC630059）、中央高校基本科研业务费（3102018JCC014）、西北工业大学管理学院专著出版项目的资助。

目 录

CONTENTS

第1章　绪　　论

1.1　选题背景

在当今的市场中，用户对产品多样化的需求越来越强烈。但多样化的产品必然导致产品开发成本的增加，如何在低成本的前提下为用户提供多样化的产品是提高企业竞争力的关键。在此背景下，很多企业都采用配置设计方法，通过产品模块的批量生产降低产品成本，通过不同产品模块的配置组合为用户提供多样化的产品。目前配置设计方法已在汽车、软件、计算机、建筑、家具等众多产品领域被广泛采用。

然而，随着市场的发展，用户已经不仅仅满足于企业提供多样化的产品，而更多地要求自己参与到产品的配置设计过程中，得到完全个性化的产品。越来越多的企业提供了用户参与设计的服务。例如，有些家具企业为用户提供标准的模块，用户通过自己对模块的组合得到完全个性化的家具产品，戴尔等企业允许用户在其网站上根据需要定制个人计算机或在已有机型上更换某些配件，劳斯莱斯、大众等汽车企业目前也可以为用户提供简单的踏板、座椅管线等功能的定制。在软件方面，工控组态软件可实现由用户自行拖曳相关组件组成满足不同生产现场的控制系统。用户参与配置设计可以为企业带来巨大的利益，以计算机产品为例，用户自己组装计算机的普及得益于计算机领域迅速统一的行业标准，所有制造商必须按照标准生产计算机的配件，虽然短期内使得某些制造商的利益受到损害，但该设计模式整体上推动了计算机行业的快速发展，长期来看行业中的每个企业都能从中获益。因此，用户参与配置设计是今后发展的必然趋势。

实施用户参与配置设计的前提是有一个已经存在的产品模块集合。因此，产品的模块化设计是实施用户参与配置设计的技术基础，通过模块化设计获得能够组成不同产品构型的模块集合。但仅有技术并不能保证用户参与配置设计的实现，因为在激烈的市场竞争中，配置设计已经不仅是一项单纯的设计活动，而且是涉及企业各部门的一个复杂管理活动。美国的三大汽车企业之一克莱斯勒汽车企业曾东渡西欧，凭借自身强大的实力吞并了多家企业，虽然其拥有先进的汽车设计技术，但因当时缺乏管理的理念，没有将各企业的设计资源进行有效整合，对外也没有建立统一的企业形象，从而导致其东扩西欧计划的失败[1]。目前，发达国家的许多企业，如苹果、索尼、宜家等，都将设计作为企业中的一项重要管理活动，通过管理设计过程，整合设计所需的各种知识，协调供应链各参与方，控制物流成本等方式，使企业具有仅有设计技术却缺乏管理理念的其他企业所无法比拟的竞争优势，从而在市场中处于领先地位。

通过以上分析可以看出，用户参与配置设计及对设计进行管理在企业中具有重要的意义。配置设计带来了数量众多的模块集合及多样化的产品构型，用户对设计的参与带来了包括模块制造商、产品制造商、物流商等企业角色的改变。如何对用户参与配置设计进行管理，包括对产品技术状态的管理，对产品模块集合的管理，对产品供应商、模块制造商等企业的管理，对用户参与配置设计的流程、方法的管理等，是实现用户参与配置设计所需要解决的问题。本书以工业机器人为例，提出了用户自定制配置设计模式。在配置设计理论的基础上，从管理的角度研究用户参与配置设计的方法。该方法不仅适用于工业机器人，也可为其他产品的设计管理提供借鉴。

1.2　相关研究理论

与用户自己进行工业机器人配置设计相关的问题主要分为 3 个方面。

第一，用户自定制配置设计本质上是在大规模定制生产模式下由预定义的组件配置为产品，因此需要研究大规模定制生产模式下的模块化设计、产品族设计等相关设计理论，以及与本书相关的用户参与设计、可重构模块化机器人设计等设计理论；第二，用户的自定制配置设计活动想要通过类似软件组件即插即用实现对工业机器人组件的快速增删，因此需要研究软件工程中实现即插即用的组件化技术；第三，用户自定制配置设计不仅是设计方法，还涉及对设计的管理，包括对设计模式、设计方法、设计过程、商业模式等的管理。下面对这些相关问题的研究现状进行介绍。

1.2.1 大规模定制生产模式下的相关设计理论

大规模定制（Mass Customization，MC）被认为是 21 世纪最主要的生产模式[2]。它通过计算机技术、现代设计方法、柔性制造等技术，以接近大规模制造的成本优势，生产满足不同用户需求的定制产品[3]。大规模定制技术主要通过模块化设计、产品族设计、配置设计和用户参与设计的方法来实现。

1. 模块化设计

模块化设计是一种现代设计方法，主要原理是将产品分解为子部件即模块，这种划分可以促进部件的标准化并增加产品的多样性[4]。自 20 世纪 50 年代欧美一些国家正式提出模块化设计的概念以来，经过几十年的发展，模块化设计已经有了非常成熟的理论，其研究内容主要是模块划分与识别、模块的管理[5]、模块评价与优化。其中，模块划分方法是模块化设计中最关键的问题，需要考虑模块化到什么程度最优，模块中需要包含什么产品信息等问题[6]。针对这些问题，有基于解释结构模型的方法[7]、基于设计结构矩阵的方法[8-10]、基于模糊聚类的方法[11]、基于 FBS（功能—结构—行为）映射方法[12]、自组织图（Self-organizing Maps）方法[13]、基于三角算法图的方法[14]、最大最小划分方法[15]。模块评价与优化方法有基于遗传算法的方法[16-18]、基于模拟退火算法的模块优化[19]、基于多专家的模糊综合评价方法[20]。以成熟的理论为基础，模块化设计广泛应用于计算机、汽车、数控机床等产品领域。上述领域中的大部分产品都实现了模块化的结构，通过增加、更换或删除某些模块，实现产品功能的灵活变化。

2. **产品族设计**

产品族设计是指在设计产品时不再单独设计某一种产品，而设计一组功能相似的产品以满足不同用户的需求。自上而下的设计产品，能够实现产品族的有效方式是将用户需求分类，按需求共性定义产品平台。基于平台的产品族设计是实现大规模定制的有效途径[21]。其中，产品平台是一个通用的、可共享的模块集合，产品族是由产品平台派生而来的一组组成相似的产品集合[22]。在这里，模块是一种实体的概念，指功能独立的可替换单元，模块之间的相互依赖尽可能最小[23]。一个部件结构成为模块的条件是：部件的功能、空间及其他接口特征存在于模块化产品的特定标准接口允许的范围内[24]。通过基于平台的产品族设计，实现产品设计成果的重用，使企业在低成本、短开发周期的前提下快速响应不同用户的定制需求。实现基于平台的产品族设计方法分为两类：一是基于模块的产品族设计，通过增加、更换、删除产品平台中的功能模块实现产品多样化[25,26]；二是基于参数的产品族设计，通过对产品平台中的模块进行放大、缩小等操作实现产品多样化[27,28]。在实际实现过程中，一般将两种方法混合使用，以提高产品平台的柔性。无论采用哪种方法，都需要先有一个由标准的、可重用的模块集合构成的产品平台。

针对基于平台的产品族设计实现，主要研究产品族建模和产品族设计优化。在产品族建模方面，有多视图产品族模型[29,30]、基于通用模块的产品族结构模型[31]、基于可变模块的产品族模型[31]、基于 GBOM 的产品族模型[33,34]、基于生物 DNA 的产品族设计模型[35]。在产品族设计优化方面，可将方法分为两类：单阶段优化与多阶段优化[36]。Fujita 采用基于模块属性分配与选择的方法，属于单阶段优化方法[37]；基于多目标遗传算法的优化方法[38-40]、基于群体遗传进化机制的优化方法[41]、基于模糊和粗糙集的优化方法[42]、基于模拟退火的模块优选方法[43]，这些都属于多阶段优化方法。多阶段优化方法避免了当产品族模型过于复杂时求解的困难性。不管采用单阶段优化方法，还是多阶段优化方法，在产品方案形成后都需要对设计师设计的所有可替代方案进行评估，Tarek 提出一种基于物理部件通用性的方法，自动产生重新设计的解决方案[44]。

3. 配置设计

最早应用配置理念的是 1982 年 J. McDermott 及同事开发的产品配置系统 R1/XCON[45]，该系统根据所存储的几千条规则，按照用户需求自动选择合适的计算机组件，从而在减少计算机组装时间的基础上，满足了用户的个性化需求。配置设计根据已知的预定义组件集合、配置需求描述和配置标准，找出满足所有要求的配置结果，实现产品定制[46]。产品配置设计是解决用户多样化需求与产品开发时间成本之间矛盾的有效方法[47]。

近年来与产品配置设计相关的研究较多，多数是对产品配置器的研究。产品配置器本质是一个基于知识的专家系统，支持用户在预定义零部件集合中选择某些零部件组成有效产品[48]。丹麦技术大学的 Lars Hvam 研究了一种开发可视化配置系统的方法[49]，他首先介绍了什么是可视化的配置系统，然后将可视化配置系统开发分为过程分析、产品分析、面向对象分析、面向对象设计、系统规划、系统执行、系统维护 7 个步骤，制造企业按照该方法可以进行规范的产品配置。针对基于模块的产品平台不能满足产品某些特殊功能要求的不足，文献［50］对配置设计中的参数化设计做了研究，提出基于知识的机械产品参数化设计方法；提出设计单元的概念，以设计单元和配置知识为基础设计了一个参数化设计专家系统的框架，该框架集成了配置设计知识和 CAD 系统的详细知识。文献［51］提出了一个配置管理模型，将配置过程通过版本演变进行管理，配置版本信息在组件级别就被灵活地捕获并存入数据库，设计者不需要掌握任何编程技巧，利用模型对配置演变过程进行跟踪，然后通过图形用户界面来选择合适的配置版本及配置模块。文献［52］开发了一个以现实为基础的桌面虚拟交互式组合家具配置设计系统，作者采用多视图组合家具装配模型来辅助信息表达和管理，模型可以展示夹具模块信息视图、功能/结构信息视图、装配关系视图，同时采用三维操作方法来准确定位夹具在三维空间的位置。这些研究为配置系统的实施提供了坚实的理论基础。

配置系统在实现过程中要解决的关键问题包括配置平台的表达[53,54]、配置设计实现方法、配置方案的评价与最优选择[55,56]。其中，配置设计实现方法包括基于案例推理的方法[57,58]、基于产品结构模型的方法[59,60]、基于配置知识库的方法[61]等。研究重点为配置模型和配置算法，很少从全局视角研究与配置设计理论相匹配的配置设计管理方法。随着对配置设计的研究，F. Salvador 等人发现：若没有先进的管理方法，仅将预定义组件组合成有效的产品是不能解决用户定制与交货期之间的矛盾的。他们通过对 122 家采取配置设计方法的产品生产商进行调查，得出图 1-1 所示的结果[62]。

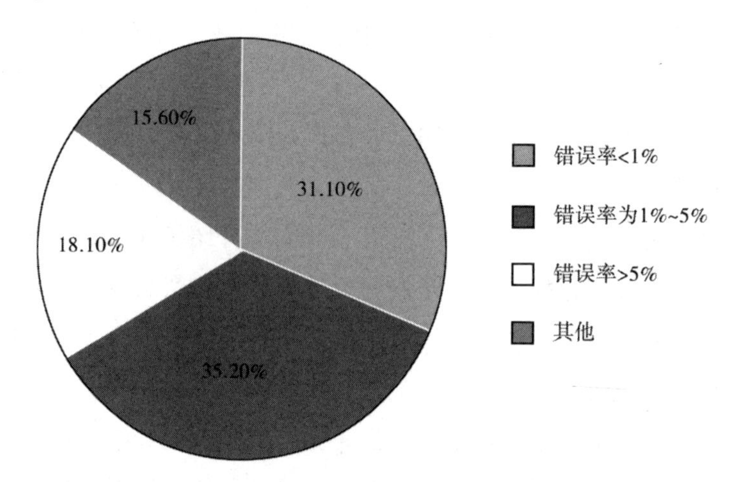

图 1-1　各产品生产商配置设计出现问题的错误率分布[62]

图 1-1 显示即使采用配置设计方法，但由于与用户之间缺少足够的沟通，每个产品生产商仍然会不同程度地出现问题，从而导致与最初的定制化和快速交货期目标背道而驰。为了更好地解决这个问题，近年来逐步将研究转向如何从管理视角设计产品配置过程，将产品配置设计扩展到用户、设计、供应链、销售等在一个统一的框架内进行管理[63,64]。

4. 用户参与设计

用户参与设计实际上也是大规模定制生产模式下的一种设计方式，因为自己完全设计一个全新的产品对用户来说是非常困难的，也会大大提高产品的生产成本，因此更多由用户在已有的基础零部件基础上进行组合配置，得到所需要的产品。Randall 等人指出，用户定制产品需要满足 5 个原则，包括针对不同用户提供不同定制界面，提供定制起点，提供修改空间，提供设计原型，提供设计参考[65]。其中，最关键的是要给用户提供一个产品的结构模型，作为用户设计的依据。文献［66］提出了一个通用的产品族主模型，模型以网络服务为基础，集成产品生命周期内设计、制造、供应链等信息，为产品用户配置设计提供支持。文献［67］将产品结构模型定义为一个多级分层的产品功能/行为结构类体系，由复合树状结构来表达，不包含具体的产品或零部件，产品配置过程就是实例化产品结构模型的过程。同时引入虚拟模块的概念，把现有产品模块库中没有但该MC企业有可变模型设计和制造能力的可扩展模块引入配置模型。文献［68］先对产品模型进行定义，构建了产品配置的有序树模型，在此基础上对产品配置流程进行了分析。文献［69］和文献［70］对基于产品模型的产品快速配置设计做了研究，分别用不同方法构建了产品配置模型。上述研究所建立的都是一个通用意义的抽象模型，针对具体的机器人产品，文献［71］提供了一个异构模块化结构，包括滑块、可伸缩模块、旋转模块、铰链模块，作为研发工业机器人的基础或工具箱。文献［72］开发了一个异构玩具机器人平台，非专业的用户可以根据兴趣将模块组成不同的玩具机器人。

在实际应用领域，用户参与设计最早出现在服务、服装、家具等领域，后来在计算机领域应用最为广泛。例如，戴尔公司就为用户提供完全定制的功能，用户可根据自己的需要在其网站上选择合适的组件，由戴尔公司组装后成为一台完全个性化的计算机。由于机械产品的组成结构比较复杂，制造成本高，因此较少有用户参与设计。但近年来随着行业技术的不断发展，也出现了大型机械产品的用户定制。例如，美国的卡车公司Paccar，实现了用户定制的模式，由用户自己选择卡车的各项参数，在该公司的一条生产线上可以生产满足不同用户需求的个性化卡车。

1.2.2 机器人可重构设计技术

早在1988年，卡内基梅隆大学就研制出了可重构机器人[73]，随后欧美许多国家都开始了可重构机器人的研究。可重构机器人由一套具有各种尺寸和性能特征的可交换模块组成，能够被装配成各种不同构型的机器人，以适应不同的工作[74]。可重构机器人一般通过模块化设计方法实现，自上而下将工业机器人的设计分解为不同模块。模块有一定自治能力和感知能力，各模块间有统一接口环境，用于通信和传递力、运动、能量[75]。可重构机器人的构型变化需要借助外力才能实现，近年来研究较多的自重构机器人是对可重构机器人的扩展，可以在不借助外力的情况下自主完成构型变化。在自重构过程中，最关键的是如何表达机器人的模块使其完成构型变化。文献［76］将机器人模块进行编号，将立体的模块转化为平面的图形，然后用关联矩阵对平面图形进行转化，最终实现对立体模块进行形式化的表达。文献［77］将工业机器人模块分为旋转（Rotary，Swivel）、平移（Translational）、刚体（Link）三类，这些模块通过组合可构成不同的工业机器人构型。这些方法都重点考虑了模块的结构信息，但并没有对模块中具体的运动参数信息进行表达。除了模块的表达，可重构机器人的研究内容还包括以可重构为导向的机器人模块划分[78,79]、模块配置[80,81]、重构设计方法[82-84]、动力学与运动学建模求解[85-87]和自重构运动规划[88]。这些文献从配置设计理论的不同阶段对机器人进行了研究，包括前期的模块划分、划分后的模块表示、模块重构为机器人的方法，以及重构之后的动力学性能求解和运动轨迹等方面，为机器人进行配置设计提供坚实的理论基础。

由于机器人模块间的连接非常复杂，不仅有简单的机械连接，还涉及电气连接、通信连接，但不管现在还是未来，机器人的作用毋庸置疑，因此世界各国都很重视机器人的发展。目前，国内外已经有许多研究机构研制出了可重构机器人，国外有美国沙加大学的 HexBot[84]、南加州大学的 SuperBot[89]、瑞士洛桑联邦理工学院的 YaMoR（Yet Another Modular Robot）[90]，国内有哈尔滨工业大学的 UBot[91]、北京航空航天大学的 Sambot[92]、上海交通大学的点阵晶格型自重构机器人[93]。这些对可重构机器人的研究都是对同构系统的研究，即可重构模块基本上属于同类型的模块。罗马尼亚那波卡大学的 Recrob[94]、西班牙马德里工业大学的

SMART[82]、南丹麦大学的Odin[95]等都是基于可重构理论的异构机器人。

工业机器人是机器人的一种，20世纪中期开始在美国得到研究和发展[96]。随后各国都开始了工业机器人的设计与研发。对可重构工业机器人的研究大多集中在实际应用领域，目前有很多技术成熟的销售工业机器人的企业，著名的有日本的发那科（FANUC）、安川电机（YASKAWA），美国的American Robot、Emerson Industrial Automation，瑞典的ABB，德国的KUKA，意大利的COMAU等。ABB最新发布的工业机器人YuMi完全模仿人类功能，具有双臂结构，能完成比单臂更复杂的任务。在2014年的国际工业博览会上，KUKA展出了具有七轴自由度的工业机器人LBRiiwa，具有更高的精确度、灵敏性，适用范围也更为广泛，发那科展示了最新款的Robot R-OiB弧焊工业机器人系统，具有同类级别机器人最轻的机身重量，同时保持了高精度和高可靠性。我国的工业机器人与国外相比还存在一定差距，但也有一些企业做出了不同种类的工业机器人，如中国科学院沈阳自动化研究所组建的中国新松机器人自动化股份有限公司，已经研发了一些具有自主知识产权的工业机器人。

目前各企业的工业机器人已经基本实现了可重构的模块化结构，但由于上层标准不统一及各企业技术封锁等原因，各工业机器人只能实现同一企业内的模块重组，并不能实现跨企业的选配，因此对于用户来说还有一定的限制，距离整个行业统一标准、跨企业模块通用还有差距。

1.2.3　软件工程中组件化技术

组件化技术是从面向对象设计中发展而来的。面向对象设计是现代软件设计的主流设计方法，面向对象设计方法是以面向对象思想为指导进行系统开发的一类方法总称，这类方法以对象为中心，以类和继承为构造机制来抽象现实世界并构建相应的软件系统[97]。组件技术是面向对象技术的进一步发展。组件具有特定的功能，能够独立工作或能与其他组件装配协调工作的程序体[98]。组件技术对程序进行封装成组件，通过接口为使用者提供一个隐藏实现的服务，以即插即用的方式进行组合。通过对已有组件的复用，组件技术降低了软件产品的复杂性，缩短了软件产品进入市场的时间[99]。目前，组件框架模型有微软的组件对象模型 COM（Component Object Mode）、COM+及分布式组件对象模型（DCOM），对象管理集团的用于 UNIX 的 CORBA（Common Object Request Broker Architecture，公共对象请求中介体系结构）及 Java Beans[100]。研究内容包括针对不同领域软件的组件开发与描述[101,102]、组件获取[103,104]、组件的管理与维护[105]、组件的评价[106-108]。

组件技术作为软件工程发展到目前为止的领先技术，已经广泛应用到不同领域的软件系统中，在工业领域应用较多的是组态软件与开放式数控系统。组态的概念来自计算机领域的术语 Configuration[109]，其含义是使用组件技术开发软件，使用户能够以即插即用的方式利用组件配置具有所需功能的软件系统。后来组态开始用于工控领域，将能够为工业用户快速配置工业过程监控与控制系统的软件工具称为组态软件。目前，国内外已经有了许多生产组态软件的企业，著名的有美国的 INTouch、Fix，澳大利亚的 Citech，德国的 WinCC，国内的组态王、Controx2000、力控等[110]。随着对自动化、定制化、集成化的要求不断提升，组态软件需要与更多学科结合，如近几年已经有现场总线[111]、以太网[112]、分布式系统[113]等理论与组态软件的结合应用。开放式数控系统是一个标准化、可替换、可扩展、可重构的软硬件系统，组成系统的模块具有即插即用的兼容性[114]。学术界一直针对开放式数控系统的实现进行深入研究，如美国加州大学的交叉耦合控制器[115]、新西兰奥克兰大学的基于 IEC 61499 标准的分布式控制系统[116]、天津大学的基于参数驱动的控制系统[117]、哈尔滨工业大学的五轴样条插值控制系统[118]等。在实际应用领域，欧共体联合发起 OSACA（Open System Architecture for Control within Automation System）计划，制定了一个与平台无关的开放控制系统结构；日本由 3 家机床企业（东芝机械、丰田工机、山崎）、1 个系统企业（三菱集团）与 2 家信息系统开发企业（日本 IBM、SML）共同提出了 OSEC（Open System Environment for Controller Architecture）计划，开发基于平台的、具有高性能价格比的开放式体系的新一代数控系统。此外，还有美国的NGC、OMAC计划等[119]。可以看出，对组件技术的研究在理论上已经十分成熟，也有了广泛的应用。

1.2.4 设计管理

设计管理的第一个定义由英国设计师Michael Farry于1966年首先提出，设计管理是指界定设计问题，寻找合适设计师，且尽可能地使设计师在既定的预算内及时解决设计问题[120]。之后很多研究人员都对设计管理进行了研究，这些研究一般分为两类：一是站在设计者的角度，认为设计管理是对设计过程本身所进行的管理；二是站在企业管理者的角度，认为设计管理是企业为实现产品设计所进行的一系列协调与组织工作，包括管理设计师所需要的制造、销售、用户等知识，协调设计所涉及的供应链各参与方等。

1. 产品设计过程建模与管理

产品设计过程是指从接收产品功能定义开始到设计完成产品的结构框架、技术要求等，并且最终以零件图、装配图、BOM表和加工数控代码的形式表达出来的过程[121]。对产品设计过程建模与管理的研究已有几十年的历史，除了模块化产品的配置设计，其他很多比较成熟的设计，如并行设计、敏捷设计、面向制造的设计、协同产品设计等，都有不同的建模管理方法。随着对产品设计过程理论研究的不断深入，设计逐渐向产品用户化、设计过程灵活快速化、生命周期知识集成化等方向发展。

很多学者对产品设计过程建模做了研究。文献［122］提出了一个并行设计的多目标解析框架，首先构建了一个产品设计过程的多目标数学模型，然后研究了模型在多个设计变量和产品装配情况下的解决算法。根据产品设计和工艺设计的灵活性，美国加州大学的Thomas A. Roemer和Reza Ahmadi介绍了一种产品设计过程树表示方法来表示产品设计，并介绍了一种并行表示产品设计和工艺设计的表示模型[123]。文献［124］采用AHP和TOPSIS方法将用户需求与设计特征相对应，同时在设计过程中通过特征值匹配为设计者提供产品特征相似信息。文献［125］依据TRIZ进化模式与进化路线分析，发现待设计产品进化过程中的可用结构状态，依据该原理及过程建模方法 IDEF3，建立了一种新的产品设计过程建模方法。文献［126］提出了用分层有色 Petri 网建立产品协同设计过程模型的思路和方法，定量分析设计过程性能。

文献［127］从过程管理的角度对产品设计做了研究，采用模糊设计结构矩阵来分解设计任务，构建设计任务集合，在一定约束下将设计任务分配给相应的设计者。文献［128］以扩展有向图和模糊设计结构矩阵为理论基础，对活动间的信息依赖进行了定量表示，通过对设计活动进行分解，实现了对设计过程的优化管理。华中科技大学的李玉良等人设计了一个面向过程的协同产品设计系统[129]，构建了一个基于产品功能和物理拓扑结构的产品自顶向下设计进程模型，该模型由设计者、设计资源、设计参数、设计任务（分为模块任务和零件任务）、设计依赖等基本元素组成，同时给出了模型中各项设计任务的求解算法。上述基于流程的设计观点认为，设计过程是一个自上而下的功能分解过程，但也有观点认为设计是一个自下而上将零部件组合成所需产品的过程。文献［130］提出了一种将两种观点综合的面向对象的产品设计过程管理模型，将设计知识按照一定标准分成不同的表示等级，然后进行模块化的编码，最后形成一个以领域知识为基础的设计过程表示模型。文献［131］构建了一个面向对象的工程设计过程表示方法，该方法可以捕获参与设计过程的不同元素并将其进行集成表示，并提供两个基本步骤来指导设计者的设计活动。

还有一些学者从认知的角度对产品设计过程进行了研究。David G. Ullman 描述了机械产品设计支持系统所应具备的条件[132]，他并没有建立一个具体的设计方法，但他认为在建立支持设计的系统时应该遵从设计者的记忆与认知习惯。他将设计者的大脑分为短期记忆区和长期记忆区，这两个位置分别与设计者的两种不同类型的记忆相符合。他总结了设计过程中所涉及的信息，根据各类信息的存储位置不同采用不同的表示方法，以使设计者能够充分地利用这些信息。文献［133］开发了一个基于人类感官能力的创新性设计流程，将进化思维及其他一些系统性的方法应用到设计过程中，构建了一个创新性设计流程框架，作者将其命名为感性联想法（SAM）。该方法将设计分为3个阶段：发散、变形和收敛，设计过程中所涉及的所有相关技术都通过该方法连接起来。

2. **配置设计知识管理**

配置设计知识是指在产品的配置设计过程中，涉及的所有对配置设计结果产生影响的知识，包括配置规则、零部件接口标准等设计知识，零部件供应商、成本、设备、交货期等制造知识，用户需求等销售知识。配置设计知识不是一成不变的，在配置过程中产生的变化包括规则的变化，由于技术进步而产生的模块功能及接口变化，模块供应商信息的更新，以及用户需求改变时对已配置完成的产品进行升级产生的更改等。产品配置知识管理不仅包括对配置知识的形式化表示，还包括对不断变化的配置知识的获取、维护及重用。

在人工智能领域，知识表示方法是一个重要的研究内容，一般包括谓词逻辑、语义网络、产生式、本体表示、面向对象的知识表示等。许多文献采用这个方法对产品配置知识进行了研究。文献［134］提出了一个基于本体的知识表示方法，构建了使用语义Web技术（即OWL和SWRL）表示产品配置设计知识的模型。特定域的配置设计知识可以通过对这个通用本体模型的继承或子类来表示。按照面向对象的观点，Anders Haug和Lars Hvam认为对配置设计知识的表示可以分为两类：分析模型和设计模型[61]。分析模型用来表示并获取配置领域的专家知识，适合用Product Variant Master（PVM）方法表示。设计模型用来表示配置设计中应该实施的具体步骤，适合用类图方法表示。文献分析了每种方法的优缺点，综合各种方法提出了一种表示配置知识的“垂直对齐类图”（VACDs）的布局技术。每种表示方法都有自身的局限性，产品配置知识需要结合各种知识表示方式，采用框架产生式、基于事例的推理和神经网络等方法统一表示[135]。

产品和配置系统的并行发展需要不断获取新的知识。文献［136］在研究和分析现有用户需求理解方法不足的基础上，提出了一种基于本体映射的用户需求知识向产品配置设计知识自动转换的方法，通过配置设计知识转换方法的实例化来实现知识获取。浙江大学的裘乐淼、张树有等人提出一种基于知识反馈的递进式产品配置设计技术[137]，在产品配置过程中通过信息反馈机制，不断对配置知识进行捕捉和处理，保证配置知识的实时更新。文献［138］将 Web 2.0 的思想引入产品配置设计知识管理中，以大众参与的方式来实现企业产品配置设计知识的积累及其有序化，并详细研究了产品配置设计知识的自组织技术及智能推送技术。文献［139］提出了基于智能配置单元（ICU）的产品配置知识自适应模型，通过优化配置规则搜索顺序和减少配置实例等自适应方法来管理配置规则的变化，同时通过多个 ICU 协商来解决产品零部件增删或更改时产生的配置设计知识的一致性问题。

3. 企业商业模式管理

Paul Timmers 认为，商业模式是一种关于企业产品流（服务流）、资金流、信息流及其价值创造过程的运作机制，包括 3 个要素：参与者的状态及其作用、企业在商业运作中获得的利益和收入来源，以及企业在商业模式中创造和体现的价值[140]。随着近年来电子商务的迅猛发展，传统仅有线下实体店的商业模式受到了很大冲击，越来越多的企业开始尝试线上线下融合的商业模式，常见的有 B2C（Business to Customer，企业对顾客）、C2C（Consumer to Consumer，个人对个人）、B2B（Business to Business，企业对企业）、O2O（Online to Offline，线上对线下）模式。

B2C 是指网上交易的卖方为企业，买方为个人，即消费者。消费者通过 B2C 网上商城查询产品，搜索到合适的产品后即通过在线支付下订单，然后产品供应商线下将产品通过物流公司交付消费者。C2C 是指网上交易的买卖双方均为个人，网站只提供一个交易的平台，任何人都可以在遵守平台规则的前提下进入网站进行买卖活动。B2C 与 C2C 模式一般用于普通生活用品或服务等与个人生活密切相关的产品销售，而对于工业领域的大宗产品或专业性较强的产品来说，其购买者及使用者一般为制造企业，因此较少采用这两种模式。

B2B 是指网上交易的买卖双方都为企业，运行模式与 B2C 类似，唯一不同的是买方一个为企业，一个为个人。在电子商务的各种商业模式中，B2B 模式出现最早，从 20 世纪 90 年代开始，有多个 B2B 网站成立并成为后来的领先者。例如，在工业领域比较著名的B2B网站有美国1996年成立的GlobalSpec，1995年成立的Thomas Global，1945年出版全球第一本企业名录的瑞士Kompass等，法国1999年成立的Directindustry，国内涉及工业领域的最大B2B平台为1999年成立的阿里巴巴。针对应用中存在的问题，许多学者进行了相关研究。例如，通过研究网站上销售人员的行为，确定以用户为导向的业绩提高办法[141]；通过研究社会信任度与B2B的关系确定信任度如何影响B2B[142]；针对工业产品的特点，研究B2B理论如何在工业领域应用[143]；针对工业企业用户对品牌的喜好不受情绪影响，研究工业领域B2B中的品牌管理[144]；通过对传统实体企业的分销渠道分析，研究如何利用B2B作为新的分销渠道[145]等。目前B2B商业模式已经进入成熟期，线上不仅能够进行产品查询与购买，还包括行业标准查询、展会信息查询、工业品牌名录与产品名录展示等功能，能够为全球采购商与供应商建立一个集搜索、展示、交易为一体的网站。

O2O的概念由美国的Alex RamPell于2011年在TechCrunch上正式提出[146]，其核心内容就是线上付款交易，线下实体店获取商品或服务。与前面3种模式不需要实体店，直接将商品通过物流交付用户不同，O2O模式有实体店铺，用户在线上完成付款后需要去实体店取货或享受服务。对于用户来说，线上支付可以享受比到店支付更优惠的价格，文献［147］对如何更好地实现线下定价与线上促销活动的结合做了研究。对于实体店来说，通过线上网站可以进行产品推广，减少对实体店地段的依赖，并且每笔交易都有详细的记录，便于分析市场趋势。同时根据Daniele Scarpi等人的研究可知，用户在线上除购买产品外，希望获得更多的乐趣[148]，因此线上网站可以在满足交易的基本前提下考虑为用户提供更多乐趣，从而促进线下产品的销售。早在2005年成立的旅游搜索引擎去哪儿网实际上就是典型的O2O模式网站。2011年，美乐乐线上家具网作为家具行业的首家O2O企业网站开始运营，通过线下体验、线上交易的方式实现了快速发展。工业机器人领域目前大部分处于仅有线下实体店的模式，但工业机器人销售企业ABB已于2014年9月建立了第一家O2O体验店，力图实现“线下体验，线上交易，线上支付，线下送货”的O2O经营，成为工业机器人领域O2O模式的领跑者。

1.2.5 相关研究的总结与分析

目前，硬件产品的配置设计、可重构设计及软件产品的组件设计等设计理念已经非常成熟，在此基础上进行工业机器人等产品的用户参与配置设计是产品设计理论发展的必然趋势。国内外学者的研究从不同的技术角度探讨了实现产品配置设计的解决方案，也对用户直接参与配置设计给予了必要的重视，提升了产品快速响应不同需求的能力。但用户参与配置设计是由用户来设计最终产品，与传统的由设计者进行设计有很大的不同，设计角色的改变带来了企业整个设计管理模式的改变，传统企业的设计流程、设计技术、商业模式等都要随着设计方式的改变而变化。针对用户参与产品配置设计的管理问题，需要解决的关键技术如下。

（1）由用户进行产品的配置设计是一种新的设计模式，在该模式下，设计者根据市场需求设计产品基本零部件，用户根据自身需求将零部件配置为产品。针对这种新的设计模式，需要明确其所涉及的相关概念，确定实现该模式所需的技术，研究在该模式下用户如何设计及设计出来的产品如何管理。

（2）用户进行配置设计的基础是有一个已经存在的零部件集合，该零部件集合存储在计算机中供用户调用。因此，需要研究产品零部件的形式化表达方法，使其能够被计算机识别并存储。现有研究中对产品零部件的表示方法侧重于表示零部件的具体结构信息使其能够应用于产品配置过程中。除此之外，还需要考虑到上层的系统层信息使其能够在需要的时候被需要的人找到。

（3）用户的配置设计属于系统级的设计活动，用户不可能了解产品底层零部件之间的各种约束，也不能确定产品的具体组成信息，因此，需要为用户提供一个产品的模板作为连接零部件与产品之间的桥梁。该模板作为用户进行设计的入口，对外需要为用户提供简明易懂的视图，对内需要具有保证最终产品可行性的功能。

（4）用户通过模板进行配置设计的设计流程与传统的设计者进行设计

的设计流程完全不同，因此，需要针对该设计模式设计新的设计流程，并通过内部算法来保证流程中每个步骤的顺利实现。

1.3 研究内容和研究意义

1.3.1 研究内容

基于以上分析，本书在现有研究基础上，提出了产品的用户自定制配置设计模式，并以工业机器人为例进行应用研究。与传统由专业设计者设计产品相比，用户自定制配置设计是一种新的设计方式，设计方式的改变导致了设计技术、设计流程、企业设计管理模式等的改变。围绕着如何实现用户自定制配置设计这一问题，本书主要从4个方面进行了研究，包括用户自定制配置设计模式确定、产品构成要素的组件化表达、自定制配置模板构建，以及自定制配置设计算法研究。本书分7章对这些问题进行详细阐述，主要内容如下。

第1章通过研究现状分析，确定研究方向。对现有的配置设计、可重构设计、软件的面向对象设计、组件设计、设计管理等研究现状进行了总结。通过分析现有研究存在的不足及以后的研究趋势，确定了研究方向。

第2章提出用户自定制配置设计模式。给出了用户自定制配置设计模式的定义、商业模式，实现该模式所需的技术支持，对工业机器人产业用户自定制配置设计模式进行了需求分析。

第3章提出产品构成要素的组件化建模方法。结合组件化的理论与方法建立了产品零部件的组件化描述模型、模型形成过程及扩展方法，以工业机器人为例进行了组件的建模。

第4章给出用户自定制配置设计模板。研究了产品自配置模板的4个组成部分，以此为基础详细阐述了工业机器人自配置模板的构成，通过案例分析给出了自配置模板的使用过程。

第5章对用户使用设计平台进行自定制配置设计的内部算法进行了研究。针对用户自定制配置设计的流程，研究了支持设计流程实现的内部算法并进行实例分析。

第6章针对理论研究基础设计了产品设计平台的原型系统。通过用例图分析平台所需提供的功能，画出了基于角色的业务流程图，分析了平台的主要功能模块，设计了平台的物理配置方案，给出了整个平台运行的体系结构，并对平台的主要页面进行了设计。

第7章总结了本书的主要研究工作及创新之处，并对下一步的工作提出展望。

本书主要章节之间的关系及所起的作用如图1-2所示，核心章节为第2～6章，对本书需要解决的主要问题进行了详细阐述。

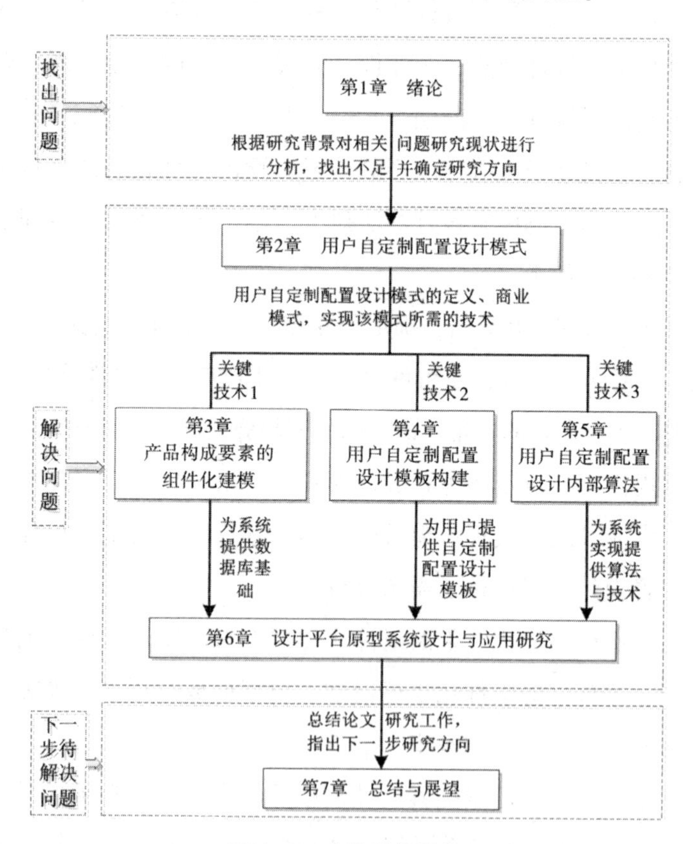

图1-2　本书总体结构

1.3.2 研究意义

本书结合产品设计、设计管理、组件化等理论，顺应产品设计领域的发展趋势，提出了产品的用户自定制配置设计方法。首先给出了用户自定制配置设计模式的定义及平台技术，然后对实现产品设计平台的关键技术包括产品构成要素的组件化表达、用户自配置模板设计、配置流程及算法设计等问题进行了深入研究。

本书所提出的设计平台集成自定制配置设计的各类参与者（包括用户、供应商、制造商等），允许用户依据个性化的应用需求在平台上进行产品的组件匹配、检索、优化，从而快速配置所需产品并完成订购。平台可以让更多企业参与到设计与制造工程中，同时也减少了设计迭代，较好地解决了产品多样化、定制化需求与设计制造周期、成本之间的矛盾，在大幅降低产品成本的基础上，实现其销量的快速增加。可以看出，本书的研究成果具有非常好的市场前景，能够促使工业机器人产业快速发展，增强国内工业机器人企业的核心竞争力，为提升我国制造业自动化水平提供有效支持。同时本研究为现代产品设计提供新的方法，研究成果不仅应用于工业机器人，更可推广至各类机电产品（如加工中心）及汽车、飞机等产品的设计管理，具有广泛的实际应用价值。

第2章　用户自定制配置设计模式

在一般配置设计过程中，用户只负责提出需求，设计者根据市场需求进行产品族设计，并根据用户需求将产品族配置为定制产品。用户自定制配置设计是将最终的配置工作交由用户根据自己的需求完成的，而不是由设计者完成的。在该模式下，设计者根据市场需求设计产品的基本功能模块并发布到一个配置平台中，用户根据自身需求将模块配置为产品，平台负责保证用户所配置产品的有效性。该模式可以让更多企业参与到设计与制造工程中，同时也为用户提供了一个参与设计过程的平台。

2.1　问题的提出

为了减少产品设计周期及降低成本，模块化设计方法被广泛使用。对于工业机器人等包含机械、电子、控制领域的复杂产品，设计者将产品划分为不同的功能模块，通过不同模块的组合构成产品。在软件产品领域，软件开发者将程序按照功能划分为不同的程序块，各程序块之间通过调用语句进行连接。模块化设计使得产品的复杂度降低，相同功能的模块之间具有可替代性，便于产品维护、升级、系列化等。

在模块化设计的基础上，复杂产品的配置设计、软件产品的组件设计等设计方法被提出，成为近年来产品设计领域的研究热点。模块化设计通过自上而下的设计方法，从产品的整体进行分解，进行模块划分与识别，即创建模块集合。而产品配置设计则以预定义的模块集合为基础，自下而上地通过产品模块的不同配置实现具体的产品方案。在配置设计中，设计者不再将重心放在具体零部件的设计上，而是重用已有的模块，快速响应用户需求。然而在配置过程中，模块并不能随意删除或替换，需要考虑各种模块之间的约束关系及连接模块之间的兼容性等问题。如何使配置过程更加简捷高效，是配置设计领域的发展趋势。

基于组件的设计以面向对象的设计为基础，同时体现了模块化的思想。软件中的模块和对象都属于概念，组件则是组成软件产品的一个物理部分，其中封装了实现某个功能的程序模块，只通过接口与外界交互。程序开发人员不需要从头开始设计软件，只需要把具有所需功能的组件直接用于程序设计中，实现即插即用，以类似搭积木的方式完成软件开发，最终呈现在用户面前的是一个采用不同组件装配而成的软件产品，用户可以了解软件产品的组成结构，也可根据需求增加、删除或替换某个组件而不影响整个产品。

通过以上分析可以看出，配置设计与组件设计具有相似性，都通过对预定义零部件或组件的调用来组成所需的产品。因此，配置设计可以参考借鉴组件设计的方法，对零部件进行封装，使其具有标准的接口，能够通过即插即用的方式为用户定制个性化产品。同时，从商业视角来看，用户已经不仅仅满足于得到定制化的产品，对亲自参与产品设计的需求也越来越强烈。基于这些需求，本书在配置设计的基础上，提出用户自定制配置设计模式，它与相关设计方法的关系如图2-1所示。

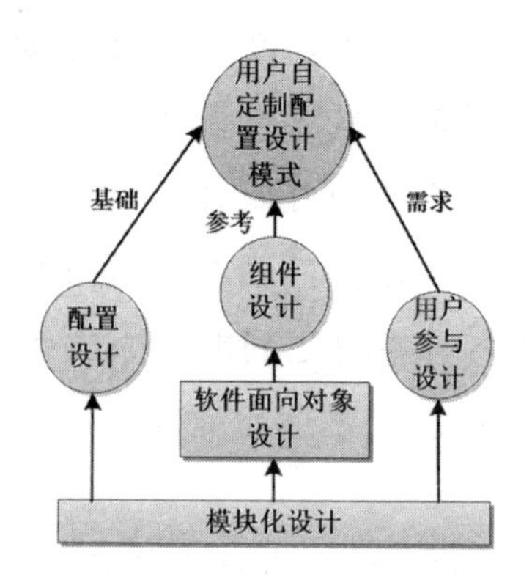

图 2-1　用户自定制配置设计模式与相关设计方法的关系

2.2　理论基础及相关概念

2.2.1　设计管理

从字面上看，设计管理由设计和管理组成。法约尔提出，管理就是实行计划、组织、指挥、协调和控制。设计是从需求出发寻求用户满意的产品解的过程[149]。设计管理要研究的是如何对整个设计过程进行组织、协调、控制等，使设计能够在满足市场需求的前提下高效完成。

现代设计包含大量的设计活动，设计过程中会用到各种设计资源，包括人员、技术手段、方法、工具、知识等。为了保证设计的顺利进行，需要协调与设计相关的设计者、管理人员、制造人员、销售人员、用户等各方的关系，应用计算机辅助设计技术、网络化技术、产品数字化技术、虚拟设计技术等，集成产品设计所用到的 CAD、Pro/E、Matlab 等数字化建模与仿真工具，共享设计、制造、市场需求等知识，控制设计过程的成本、周期及设计结果的质量等，同时需要寻找用户参与设计的途径与可行性方法。

2.2.2 设计模式及相关概念

关于模式的一个经典概念由 Alexander 等人给出：模式描述了一个不断发生的问题及关于这个问题的解决方案，人们可以反复使用这个解决方案解决类似的问题[150]。设计模式是指解决设计过程中遇到的问题所采用的模式。设计模式在软件工程中应用广泛，用来解决程序设计过程中遇到的问题。

设计模式的概念包含两个关键的因素：问题和解决方案。其中，“问题”旨在满足用户的个性化需求，“解决方案”为每个用户单独设计不同于其他用户的产品或服务。这种模式便是定制设计模式。传统的定制设计所需要的设计周期长，从而导致所设计产品的成本高，质量不稳定，因此需要采用更先进的设计方法来进行设计，以便以较低的成本实现定制设计模式。

配置设计是现代设计方法的一种，通过对不同模块的组合实现满足不同需求的产品。配置设计中使用的模块是预先设计完成的，减少了整体设计时间；模块可以批量生产，在不同的产品设计中重复使用，降低了产品成本；模块的批量生产同时保证了产品质量的稳定性。因此，配置设计是实现定制设计模式的有效方法。实行配置设计的前提是有一个由预定义模块组成的产品平台。其中，模块是一个功能的物理实现[151]。例如，在模块化机器人中，一个模块通常包含处理器、电机、传动装置和测量系统，可以独立测试和运行[152,153]。产品平台是一组通用模块、平台参数、定制参数的集合体，通过改变模块及参数来组成不同产品[154]。

2.2.3 用户参与式设计

在产品设计过程中，不管采用模块化设计还是配置设计等设计方法，其本质都是以产品为核心的，将所要设计的产品作为研究对象，最终由用户来适应产品，用户所起的作用是在前期向设计者提出对产品的期望，以及设计完成后从设计者提供的方案中进行评估选择。但在市场中产品种类不断丰富，用户已经不再只要求产品满足使用需求即可，而更多地要求参与到产品的设计过程中。其中，“参与”的内涵是除了前期提出期望及后期选择方案，用户自身也承担了设计者的工作，与设计者共同完成产品的设计。根据不同产品特点与技术发展水平，用户可以从外观、功能、零部件等方面不同程度地参与到产品设计中。

从 2.2.2 节可以看出，用户参与式设计也是一种设计模式，该模式是为了解决用户希望自身参与产品设计这一问题而提出的，用户自己参与到设计过程中，设计者为用户提供必要的帮助及技术指导。该模式减少了设计与用户之间的迭代，设计的产品是完全个性化的，并且完全满足用户需求。

2.3 用户自定制配置设计模式及相关技术

2.3.1 面向用户自定制的配置设计模式

定义 2.1（用户自定制配置设计模式）：在设计过程中，“问题”是指由于所设计的产品不能完全满足用户的需求，常常会引起设计返工，从而增加产品开发成本，延长开发周期。为了解决这个问题，“解决方案”提供一个开放的产品设计平台，设计者将基础的产品组件作为服务件发布到平台上，组件制造商从中选择合适的组件进行生产，用户通过调用平台上的服务件自己进行配置设计以得到满足需求的产品。解决上述问题的指导方案称为用户自定制配置设计模式。

定义 2.1 体现了以下 4 个方面内涵。

（1）它是一种定制设计模式，采用该模式进行设计是为了给用户提供完全符合个性化需求的产品。

（2）它也是用户参与式设计模式，即进行设计的主体是用户，由用户自己通过设计得到最终所需要的产品。

（3）在这种模式下采用的设计方法是配置设计，因此其设计基础是有一个已经存在的组件化产品平台。

（4）这种模式对设计过程中涉及的各类参与者的职责进行了规划，提供的产品平台集成了设计所用到的各种技术、知识等，因此整个模式的实施过程实际上就是一个创新的设计管理过程。

下面对用户自定制配置设计模式涉及的相关概念进行介绍。

首先是组件的概念。实际上组件的提法来自软件工程中基于组件的开发，在机械产品领域常用的概念有零件、部件、构件、机构等，并没有组件的概念。但是在近些年的机械产品配置设计研究中，组件多次被提及[155-157]。通过总结发现，它大多是从英文文献中的 Component 翻译而来的。在牛津英汉词典中，Component 被翻译为组成部分、零件、部件。因此，可以认为组件是在进行配置设计时所使用的零部件。本书提到的用户自定制配置设计模式借鉴了软件工程中基于组件设计的理论，对用户自定制配置设计模式中的组件定义也参考了基于组件的软件开发。

定义 2.2（组件）：封装内部结构，在符合一定领域接口标准的前提下直接进入装配的零部件称为组件。

与软件工程中的组件类似，定义 2.2 可从以下 3 个方面理解。

（1）组件是现实世界中的物理实体，可通过类似搭积木的方式组成产品或更大的组件，由组件装配的产品也可根据需要增加、删除或更换其中某些组件。

（2）组件具有标准的接口，可以被不同的产品使用。使用过程中接口与内部结构是分离的，内部结构所实现的功能只通过接口与外界产生能量、物质及信息交换。组件对使用者来说，只需要了解接口即可。

（3）使用组件装配产品的前提是组件具有可获得性。组件接口的标准化决定了批量生产的可能性，因此可在市场中以较低的价格进行流通。

提出组件的概念是为了增加用户可选组件的多样性与便捷性。虽然目前大部分复杂产品的制造企业已经基本实现了可重构的模块化结构，但是由于上层标准不统一及各企业技术封锁等原因，一般只能实现同一企业内的模块选配，并不能实现跨企业的选配，对于用户来说还有一定的限制。组件提供标准的接口，将用户不关注而企业高度敏感的组件结构或模块进行封装，各企业都可以通过不同的技术实现相同的接口，从而使企业在保持其核心技术的前提下发布组件，同时组件封装也为用户屏蔽了技术视图，方便用户使用。

注意，模块与组件的概念需要明确。已有的配置设计文献中并没有对组件和模块进行区分，常常混淆使用。实际上，在模块化研究中，模块强调将组成产品的零部件根据依赖关系划分为若干部分（即模块），每个模块完成独立的功能。而本书中所说的组件不一定能实现独立的功能，只强调对零部件的封装，组件间的交互只通过标准化的接口进行。

事实上这两者并不是完全不同的。随着模块化研究的不断发展，模块所具有的接口也要求是标准的，这点与组件是相同的。针对模块化程度较高的产品，可以对其组成模块进行封装，使其成为即插即用的组件。另外，在设计组件时也可以引入模块化的思想，将交互较多的组件设计为一个模块，经过封装后成为一个大的组件，这样可以减少后期配置设计时的工作量。

从定义 2.2 可以知道，组件是一种物理实体，存在于现实的物理空间中。但是用户所进行的自定制配置设计活动并不是将实际的物理组件进行组装，而是在计算机中进行虚拟组装。因此，需要将现实世界中的组件进行抽象，对其进行形式化描述以便于计算机识别。这也就是定义 2.1 中所提到的服务件。

定义 2.3（服务件）：服务件是利用形式化的语言对组件进行的符合一定规范的抽象描述，使其能够为产品设计提供虚拟的组件服务。

服务件的内涵包括以下 4 个方面。

(1) 服务件是可以存储在计算机中的概念模型，是对现实世界中物理组件的抽象描述。

(2) 服务件只描述组件的框架而非某个具体组件，即只具有属性而没有属性值；需要通过赋值将其实例化，才能描述具体组件。

(3) 用户通过在计算机中调用服务件完成虚拟产品的组装，而不需要直接使用现实世界中的物理组件，即服务件为用户提供的是一种虚拟产品的服务，而不是真实的物理产品。

（4）服务件为组件提供了一种规范的描述方法，符合该规范的组件都可以发布为服务件，供他人调用。

定义 2.4（用户）：用户是指能够进行设计活动的所有人员。其中包括两类：最终使用产品的企业或者个人（即客户）；为产品使用者提供解决方案的企业或者个人。

定义 2.5（用户自定制配置设计）：用户在一定约束条件下，自行选择服务件进行组合配置，得到满足自己需求的产品设计结果。这个过程称为用户自定制配置设计。

这里的约束条件是指在将组件连接成产品时，为了保证产品的可行性所必须遵守的规则。例如，两个齿轮咬合时所要求的传动比决定了两个齿轮齿数的选择；传感器与控制器连接时，不仅接口要一致，通信标准也必须一致。

在没有特别说明的情况下，本书中的产品都是指通过用户自定制配置设计所得到的物理产品。在一般配置设计过程中，用户提出需求，设计者进行产品族设计，并根据用户需求将产品族配置为定制产品。而在用户自定制配置设计模式下，最终的配置工作将交由用户根据自己的需要完成，而非由设计者完成。这样减少了设计者与用户之间的迭代，缩短了配置设计时间，并通过一个产品设计平台将所有参与者整合到一起，高效地完成整个配置设计过程。

2.3.2　用户自定制配置设计的商业模式

从定义 2.1 可知，用户自定制配置设计模式只是一个框架性的指导方法，以设计方式的改变为核心，这种改变涉及其他如工业机器人的制造商、零件提供商、开发商等上下游企业功能的改变。如第 1 章中所分析的，现有 B2B、O2O 等商业模式都不能完全适应用户自定制配置设计模式，需要有一种全新的商业模式来保证该设计模式的顺利进行。在设计符合用户自定制配置设计的商业模式前，首先要了解一种商业模式需要有哪些组成要素。

根据第 1 章商业模式的定义可知，商业模式包括 3 个要素：参与者的状态及其作用，企业在商务运作中获得的利益和收入来源，以及企业在商务模式中创造和体现的价值。

以此为基础，给出用户自定制配置设计的商业模式所要考虑的要素如下。

（1）用户、企业、设计平台等每个参与方在整个模式中处于什么地位，各自的职责是什么，如何与其他参与方进行交互。

（2）整个模式是为了解决用户的什么问题，该模式如何为用户提供优于其他模式的解决方案，该方案是否为用户创造了价值。

（3）该模式的提出方是否能从该模式中持续赢利，赢利的方式是什么，该模式如何保证不被其他企业模仿。

基于以上分析，本书用户自定制配置设计的商业模式如图 2-2 所示。其中，各参与方在商业模式中的活动及与平台或其他参与方的交互如下。

（1）用户在设计平台上进行自定制配置设计并购买产品或组件。

（2）用户将不能通过自定制配置设计或购买其他方案被满足的需求发布到平台上，供其他设计者查看并提出解决方案。

（3）设计者根据平台上用户或其他设计者所发布的需求，进行产品组件或整体配置方案的设计，并发布到平台上。

（4）组件制造商将所制造的组件发布到平台上供用户购买。

（5）组件制造商通过线下配送，将用户所购组件交给产品提供商。产品提供商同时也是平台创建者，负责在各地建立产品线下体验店并提供在平台上由自定制配置设计方式所获得产品的售后服务。产品提供商在体验店内将组件按照订单组装成产品并进行调试，为用户使用产品提供指导及售后服务，用户使用没有问题后产品提供商将产品交由产品物流商。

（6）产品物流商选择合适的物流方案后将产品进行配送。

（7）质量监督部门对企业和服务进行监督，确保整个流程和最终产品都符合国家标准，网站服务商对平台运行提供技术支持，并进行后台维护。

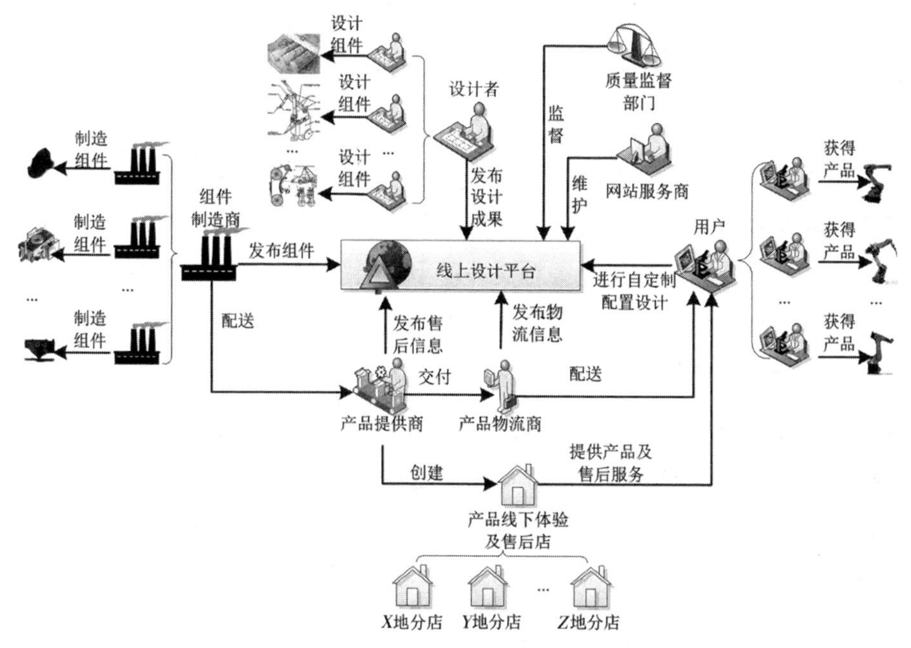

图 2-2　用户自定制配置设计的商业模式

在整个流程中，前 4 步为线上活动，第 5 步为线下活动。其中，设计者与设计平台之间所进行的各种交易活动属于 C2C 模式，任何有设计能力的个人都可以通过平台出售自己的设计成果，也可以购买他人的设计成果；用户线上购买组件制造商的组件，线下接收组件配送的交易活动属于 B2B 或 B2C 模式，当用户为个人时是 B2C，为企业时是 B2B；用户线上创建产品订单，线下实体店体验产品及服务属于 O2O 模式。因此，用户自定制配置设计的商业模式是一种综合了已有商业模式的全新商业模式。该模式将供应链上的各参与者有效统一起来，高效地实现物流、资金流、信息流的管理。

设计平台作为整个模式的核心参与方，为用户提供自定制配置设计服务，使得用户能够实现完全按照自己意图参与产品设计，同时创建了线下实体店为用户提供体验与售后功能。由此可见，设计平台虽然不为用户制造产品，但为用户提供了自己定制产品服务、体验服务、组装产品服务、售后服务，使用户在购买产品的同时获得了诸多额外的服务，为用户创造了价值。同时平台允许设计者之间交易设计成果，使设计者可以将自己的设计成果转化为经济收益，这也为有设计能力的众多个体或企业提供了额外的收益。

由于为用户创造了价值，因此设计平台可以获得众多用户的访问，这是平台能够吸引组件制造商、设计者进驻平台的动力，对交易量大的组件制造商，平台收取定额租金；对交易量小的组件制造商及在平台上出售设计成果的设计者，每完成一笔订单，平台按一定比例收取佣金，同时平台有偿为各种企业提供信息推广、产品推广，以此保证平台的持续赢利。该模式中各参与方的活动都围绕用户自定制配置设计展开，平台提供的设计方法及该方法所依赖的整套流程都是平台所独有的，其他企业可以模仿一个信息系统，但不能复制其自定制配置设计的方法，因此该模式具有不可复制性，在市场中具有较强的竞争力。

2.3.3 用户自定制配置设计模式仿真

用户自定制配置设计模式和传统工业机器人按订单设计模式一样，能够实现根据每个用户的需求定制产品，同时在成本与订单响应速度上具有明显的优势。下面对两种模式的设计和生产过程进行分析，建立系统动力学模型。系统动力学是一种广泛应用在产品生产过程中的建模仿真方法，非常适合复杂的动态系统仿真。通过仿真分析，验证用户自定制配置设计模式的性能优势。

1. 两种模式分析

工业机器人传统的设计方法为按需设计，然后按照订单组织生产。用户订单分离点在原材料供应商处，整个设计与生产的运行过程如图 2-3 所示。用户提出需求后由企业设计部分别设计满足每个用户需求的产品，然后安排生产计划。整个生产过程始于基础零部件提供商，其按照企业的订单生产零部件，依次往下游推动整个生产过程的进行，直至将产品配送到用户手中。

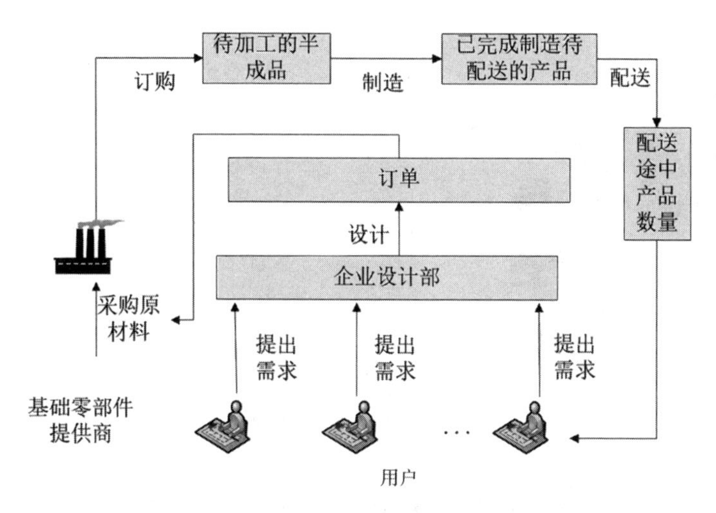

图 2-3　工业机器人按订单设计与生产的运行过程

用户自定制配置设计模式的生产方式为按订单装配。整个过程以平台为核心，设计、制造、装配等部门分工合作，其运行过程如图 2-4 所示。用户根据自身需求从组件库中挑选组件，在组态定制板上进行配置设计，设计完成后向企业下订单。核心企业根据用户的订单进行装配活动。基础组件的提供商根据平台中所发布的组件原型来进行生产，各提供商所生产的组件在平台上形成组件库，供装配商自由选购。整个过程的核心为装配阶段，企业提前采购定量标准组件作为库存，在接到用户订单后可以立即安排装配工作，并根据订单数量不断安排组件的采购，以用户设计产生的订单为指导将组件装配为产品并安排配送。

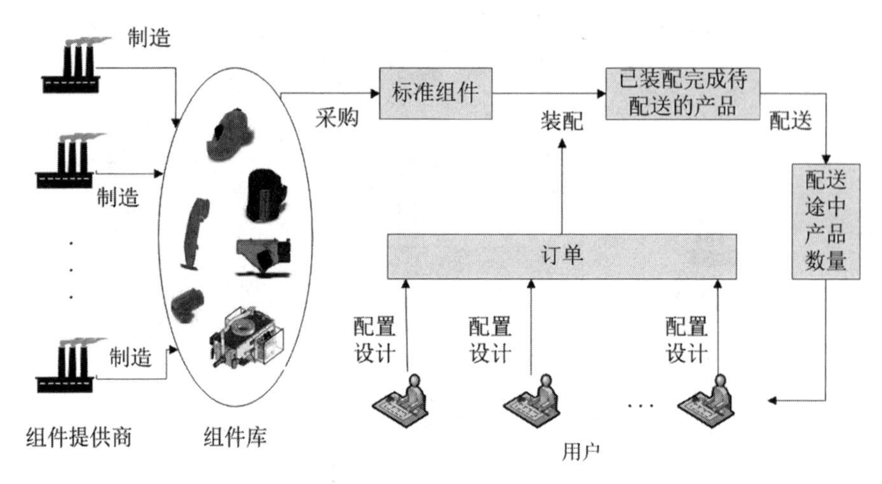

图 2-4　工业机器人用户自定制配置设计模式按订单装配的运行过程

2. 两种模式的系统动力学模型

根据上述对整个设计与生产过程的分析，利用系统动力学方法在 Anylogic 仿真平台上建立两种模式的仿真模型，如图 2-5 和图 2-6 所示。

在传统的按订单设计模式下，核心企业收到用户需求后先进行设计活动，设计部门处理订单的速度与订单积累数量有关。经过设计部门一定的设计时间后需求转化为产品的订单，然后根据设计的产品开始安排生产。由于产品根据用户的需求单独设计，因此并没有半成品的库存，需要在接到订单后再订购。由半成品制造为成品需要一定的时间，因此在生产过程中会产生加工半成品库存，同样完成生产的成品到最终出货也需要时间，这段时间内就产生了成品库存。整个流程为先根据用户需求设计产品，下达订单，然后根据订单确定外购零部件，外购零部件到货后进行最后的制造、装配工作。

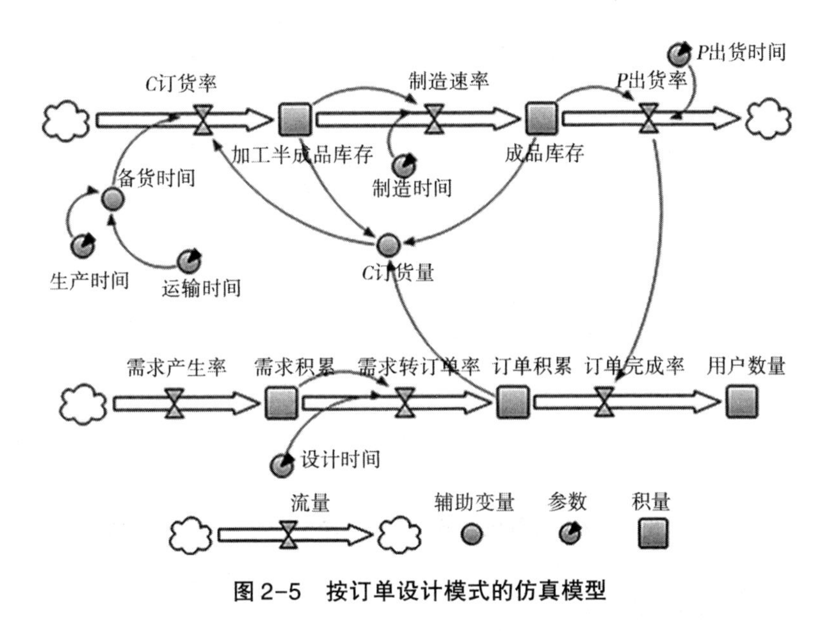

图 2-5　按订单设计模式的仿真模型

由于用户自定制配置设计模式的生产方式为按订单装配，且在该模式下订单由每个用户设计，因此设计时间是每个用户设计自己所需产品的时间，而不像按订单设计模式一样是企业设计部门设计所有订单的时间。假设每个用户的设计时间相同，那么订单产生率为需求产生率在时间轴上向后平移一个设计时间的长度。由于用户设计产品所用的组件均通过组件库选取，因此企业可提前向组件提供商采购一定量的组件作为目标库存，库存数值以能够维持正常生产、保持不缺货为准。当用户订单到达时可立即安排装配活动，在进行装配活动的同时不断补充组件库存，保持少量库存。

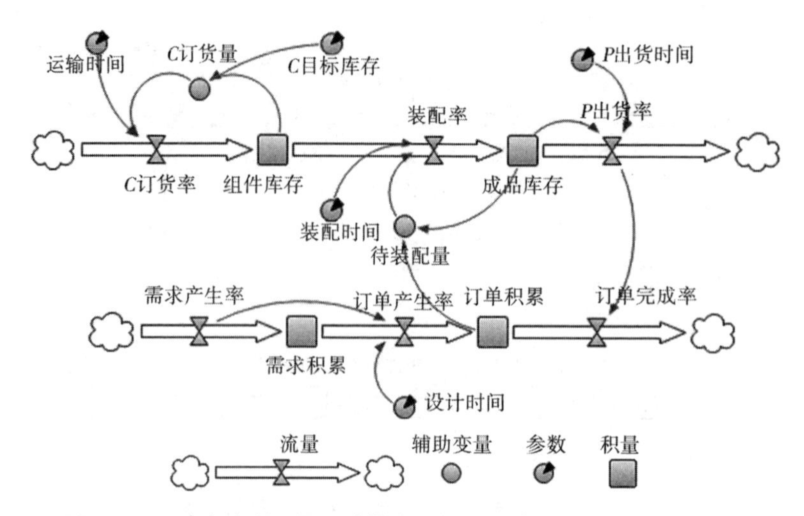

图 2-6　用户自定制配置设计模式（按订单装配模式）的仿真模型

3. 仿真结果及分析

在仿真前，先对模型进行参数设置。设仿真时间单位为天，仿真步长为0.2，仿真长度为80。需求产生率符合均值为10、方差为10的正态分布，正态分布随机数区间为［0,20］。在30天时，需求产生率发生变化，均值由10变为15。当用户需求产生率增加时，用户自定制配置设计模式中装配企业将组件的目标库存调整为35，以适应需求的增加，同时将装配时间和出货时间调整为2天。按订单设计模式也在需求增加时将生产时间、制造时间和出货时间调整为2天。

图2-5所示模型的参数设置见表2-1，其变量及流量计算公式见表2-2。

表 2-1　按订单设计模式仿真模型的参数设置

参数	初始值	参数	初始值
生产时间	3	加工半成品库存	0
运输时间	3	成品库存	0
制造时间	3	需求积累	0
P出货时间	3	订单积累	0
设计时间	3		

表 2-2　按订单设计模式仿真模型的变量及流量计算公式

变量及流量	计算公式
C 订货率	C 订货量 / 备货时间
制造速率	加工半成品库存 / 制造时间
P 出货率	成品库存 / P 出货时间
备货时间	生产时间 + 运输时间
C 订货量	订单积累 - 加工半成品库存 - 成品库存
需求转订单率	需求积累 / 设计时间
订单完成率	P 出货率

为了对比两个仿真模型的整体性能，图 2-6 所示模型中的时间参数初始值与图 2-5 所示模型相同，具体见表 2-3 和表 2-4。

表 2-3　按订单装配模式仿真模型的参数设置

参数	初始值	参数	初始值
运输时间	3	组件库存	30
C 目标库存	3	成品库存	0
装配时间	3	需求积累	0
P 出货时间	3	订单积累	0
设计时间	3		

表 2-4　按订单装配模式仿真模型的变量及流量计算公式

变量及流量	计算公式
C 订货率	C 订货量 / 备货时间
装配率	待装配量 / 装配时间
P 出货率	成品库存 / P 出货时间
C 订货量	C 目标库存 - 组件库存
订单产生率	Delay（需求产生率，设计时间）
订单完成率	P 出货率

运行模型，得到两种模式下的订单产生率如图 2-7 所示，生产库存和

订单积累的仿真结果如图 2-8 所示。

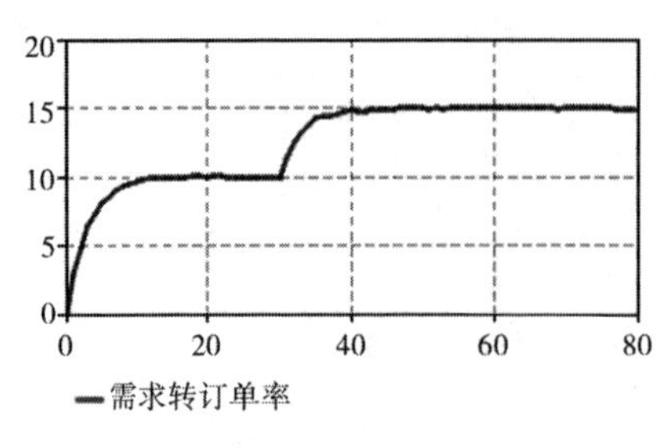

(a) 按订单设计模式

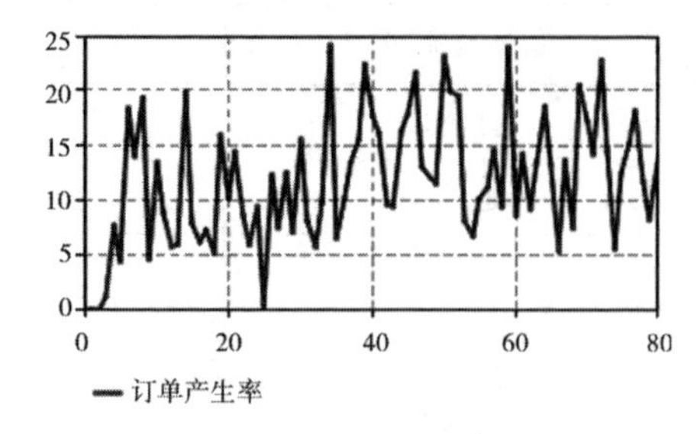

(b) 按订单装配模式

图 2-7 订单产生率

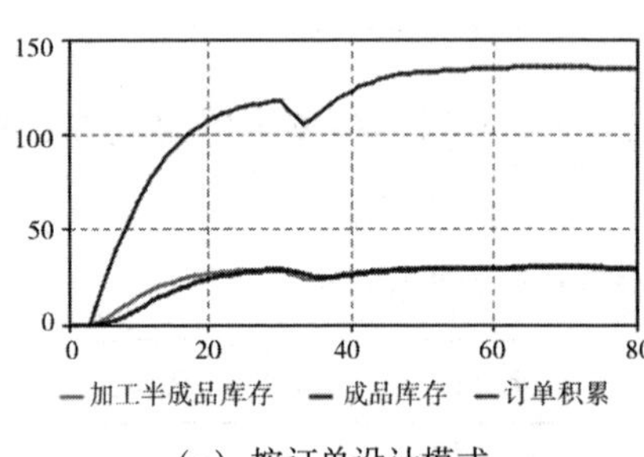

(a) 按订单设计模式

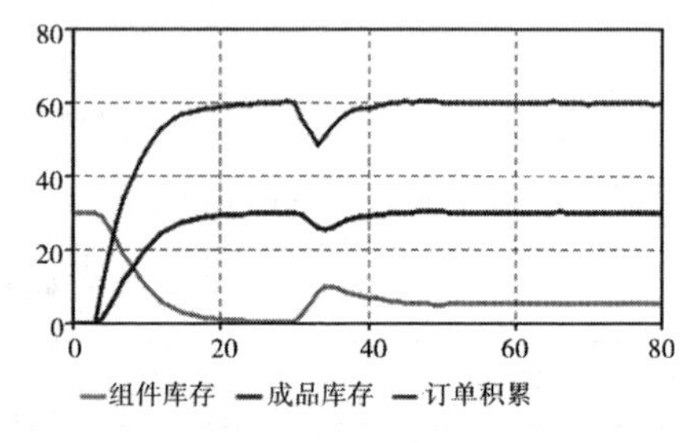

(b) 按订单装配模式

图 2-8 仿真结果

通过仿真结果可以看出，一方面，由于两种模式都在收到订单后才组织生产，因此都会有订单积累的情况出现。在用户需求产生率相同的情况下，按订单设计模式的订单积累超过了 100，但用户自定制配置设计（按订单装配）模式的订单积累只有 60 左右，即用户自定制配置设计模式对用户需求的响应比按订单设计模式快得多。另一方面，库存的高低直接决定了产品的生产成本，按订单设计模式下正在加工半成品库存与成品库存的总量大概在 50 左右后达到稳定，用户自定制配置设计模式下组件库存与成品库存总量在 30 左右达到稳定，说明后者在低库存的水平下保证了对用户需求的快速响应。

当市场需求均值增加 5 时，系统达到稳定状态后，两种模式库存都没有明显变化，但图 2-8（a）的订单积累量增加了 10 左右，图 2-8（b）的订单积累量没有明显变化。这说明在市场需求产生变化时，后者的适应性较强，前者的核心企业即使调整了生产能力，但由于受半成品供货商运输时间的限制，仍然会导致最后订单积累的上涨。

通过对结果的分析得出，用户自定制配置设计模式既保留了按订单设计模式对用户的满意率，实现了每个用户单独定制，又有大规模生产的成本优势，在市场需求变化时还能保持较强的适应性。另外，虽然仿真模型中将两个模式的设计时间都设定为 3，但是通过图 2-3 和图 2-4 可以看到，在按订单设计模式下，用户的需求由企业设计并下订单；在用户自定制配置设计模式下由用户来设计，相当于有多少个用户就有多少个设计者。因此从整个市场角度来看，后者的实际设计时间比前者要短得多，从而缩短了从需求产生到最后将产品配送到用户手中的时间。

2.3.4　用户自定制配置设计模式支持技术

用户自定制配置设计模式的核心是支持用户自己定制产品，它的实现需要各种技术的支持。

1. 可配置产品技术的支持

用户自己定制产品时不可能像设计者一样从零部件开始设计，这需要非常专业的设计知识，对于用户来说是不可能实现的。因此，所设计的产品必须是可配置的产品，用户只在已有零部件基础上进行最后的配置工作。在配置设计领域，对可配置产品的定义有很多。例如，文献［158］认为可配置产品是一个产品集合，集合中的每个产品个体能满足特定的用户需求。文献［159］将可配置产品定义为在一个通用的产品结构基础上根据特定用户需求所组成的不同产品。可配置产品的主要特征是具有模块化的结构，每个产品个体可通过选择不同的预定义组件构成[160]。大部分文献没有对预定义的组件进行分类，但在实际设计过程中，产品一般由预定通用组件和专用组件构成[161]。以工业机器人为例，通用组件是构成不同产品都需要的组件，如手腕、驱动系统等；专用组件是实现不同用户特定功能的组件，如传感器、末端执行器等。在工业机器人的配置设计中，通过区分组件类型，提前设计通用的用户自定制配置设计模板，可以提高产品的配置效率。本书将可配置产品定义如下。

定义 2.6（可配置产品）：由产品的通用组件和专用组件在一定约束条件下通过某种关联关系连接在一起所组成的产品，称为可配置产品。其中约束条件与定义 2.5 中一致。

可配置产品的内涵包括以下两个方面。

（1）产品构成方式。可配置产品的两个组成要素为关联关系和组件集合。关联关系即产品的装配方案，指出了产品组件之间如何连接，包括原子组件如何连接成更大的组件及组件如何装配成产品。组件集合即组成产品的组件清单，包括通用组件、专用组件、原子组件等。组件清单中的组件按照关联关系进行连接，便构成了可配置产品。

（2）产品分解方式。通过定义 2.2 可知，组件可以通过搭积木的形式组成更大的组件或产品。因此，通过组件组成的可配置产品也可以分解为不同的组件，每个组件还可继续分解为更小的组件，直到不能拆分为止，最底层不能再拆分的组件是原子组件。产品分解一般用树状结构表示，树的根节点为可配置产品，通过层层分解形成层次树，最底层为不可拆分的原子组件。

2. 产品设计平台技术的支持

产品设计平台通常用来实现产品设计、制造规划、供应链管理、销售的协调工作[162]。本书的产品设计平台为用户自定制配置设计模式下的所有参与者提供信息共享与交流的机制，其定义如下。

定义 2.7（产品设计平台）：产品设计平台是支持用户进行自定制配置设计的软硬件环境及技术流程的总称。

产品设计平台的含义包括以下 4 个方面。

（1）它是一个设计管理平台。在平台上可以实现对各种设计资源的集成与协调，这就要求平台具有开放性，其开放性主要体现在 3 个方面。一是平台的使用者多样化，因此平台支持用户、组件制造商、设计者等所有相关参与者使用。二是在平台上发布服务件的企业和通过平台使用服务件的企业多样化，因此平台只提供组件发布的标准，只要符合标准的组件都可以进入平台成为服务件；服务件发布者可作为使用者使用平台上的服务件，服务件使用者也可以作为发布者将自己设计的组件发布到平台上。三是用户不仅能够自己进行配置设计，也可选择别人设计好的产品，因此平台必须支持任何有设计能力的人在平台上设计产品，并共享设计结果。

（2）它是一个产品平台。平台提供组成产品的各种通用组件和专用组件，通过调用组件可以配置出不同的产品。而产品组件的表达是进行配置的基础[163,164]，因此要确定产品组件的统一表达方法。其必要性体现在两个方面：一是复杂产品各组件涉及不同领域，如工业机器人包括机械组件、电气组件等，组件之间也不是单纯的物理连接关系，还涉及电气连接、控制信号连接等，必须对多领域的组件进行统一的表达使其能够在平台中被统一存储；二是设计平台具有开放性，支持所有有组件设计能力的人员或企业开发组件并发布到平台上，因此平台上的组件数量非常多。组件在发布时必须符合统一的描述规范，从而使平台能够准确地调用所发布的组件，组件购买者能够快速搜索各类组件。

（3）它是一个网络化的设计平台。用户通过网络访问平台，在平台上进行产品的配置设计活动。但用户并不能保证所设计产品的良好结构及可制造性，因此平台提供自定制配置设计模板，指导用户的设计活动。

定义 2.8（自定制配置设计模板）：自定制配置设计模板是指一个由服务件组成的通用抽象产品结构，用户通过对该结构中的服务件赋值进行服务件实例化，得到具有特定功能的产品模型。

自定制配置设计模板的内涵包括以下 5 个方面。

（1）模板的外部视图与实际产品类似，是一个代表通用产品结构的简易视图，能够很快被用户理解并使用。

（2）模板内部包含组成模板的服务件之间的相互约束条件，在通过模板得到的最终产品模型中，各组成部分之间一定是满足约束条件的，以此保证配置结果的可行性。

（3）模板提供对最终配置结果的性能参数计算，包括运动学、动力学、振动、精度等，并以图形等可视化的形式提供给使用者。

（4）最终的产品模型由实例化的服务件构成，这些实例化的服务件与物理组件一一对应。通过对照产品模型，可由物理组件装配成实际可行的物理产品，该产品在性能方面与模板提供的数据相吻合。

(5) 它是一个商业运营平台。平台以设计为中心，整合了产品从生产到完成销售的整条产业链，包括组件制造商、产品设计商、产品销售商等，上下游企业都能在平台中获得收益。对于平台创建者，其平台的不可复制性保证了其在市场中的竞争优势与赢利可能性。平台同时需要上下游企业的技术支持，尤其是为平台提供组件的组件设计商与组件制造商的支持。对于组件设计商来说，需要考虑所设计组件的粒度。在这个开放的设计平台上，粒度越细的组件就越能够供更多种类的产品调用，但也会增加用户在配置产品时的复杂性，从而导致可用性下降。从短期来看，组件设计商必须按照平台制定的标准来设计组件，并在增加组件共享度与减小配置复杂度之间找到平衡；组件制造商也必须按照平台标准来制造并发布组件，这会增加企业在组件开发与制造方面的成本。但从长远来看，当用户自定制配置设计模式普遍被人们接受后，粒度合适的组件会获得用户更多的调用，从而使企业获得更多的订单，这个巨大的市场也是企业不断为平台提供组件的动力。

2.4 用户自定制配置设计场景及技术状态管理

2.4.1 一般设计场景

目前在一般的设计过程中，设计者所处的场景如图 2-9 所示。设计者从市场调研人员处获取用户需求，设计过程中同时与企业生产、销售、售后等部门的人员共享信息，进行产品的全生命周期设计。同时，需要计算机技术（如 CAD、Pro/E 等）及各种先进设计方法（如配置设计等技术）的支持。配置设计虽然可以重用以往的设计结果，但从宏观的企业角度看，配置设计与一般设计方法所处场景相同，都是根据客户的需求重新设计产品，只是在具体设计过程中所采用的技术有所区别。最终，设计者输出产品设计方案，完成产品的设计。从设计者的角度看，设计是一个技术活动，在考虑不同部门需求的前提下，利用各种技术将用户需求转化为产品设计方案。从企业的角度看，设计是一个管理过程，为了满足市场需求，协调各种设计资源，最终获得满足用户需求产品方案的过程。

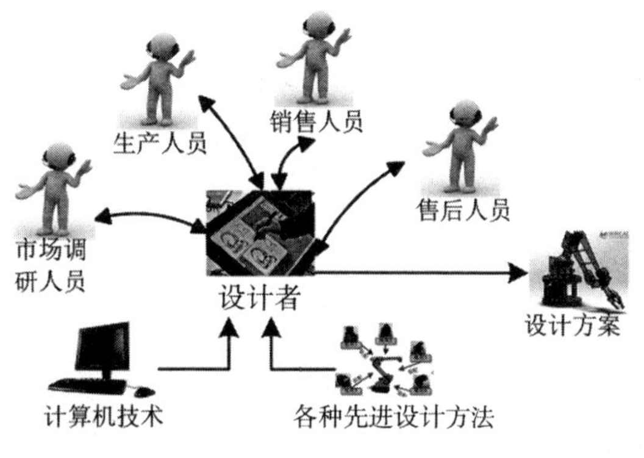

图 2-9　一般设计场景

一般设计流程如图 2-10 所示。首先市场调研部了解用户需求，并撰写调研报告提供给设计者。设计者根据用户需求，在图 2-9 所示的场景下进行草图设计、数字化建模及详细设计，设计过程中考虑产品的可制造性、材料可获得性、可维护性等产品全生命周期，再将设计结果交给企业制造部门，设计完成。

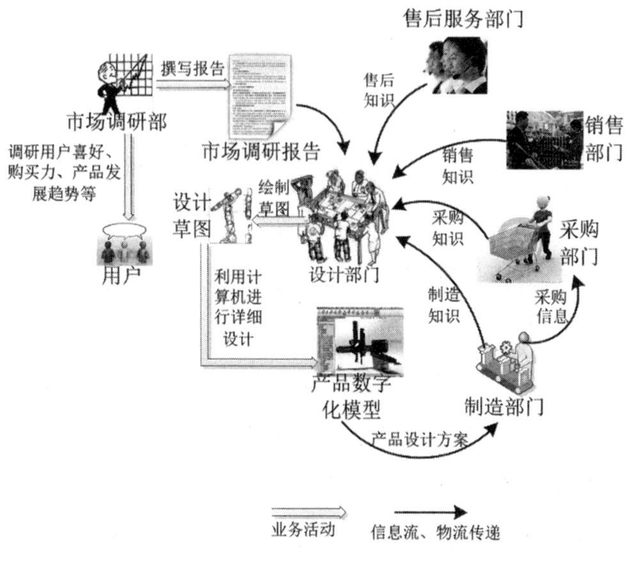

图 2-10　一般设计流程

2.4.2 用户自定制配置设计场景

在用户自定制配置设计模式下，最终的配置设计工作不再由设计者完成，而由用户自己完成。与图 2-9 设计者需要和制造、销售等部门共享知识不同，该模式下用户作为设计者只与产品设计平台产生交互，在平台上完成产品的配置设计。用户进行自定制配置设计所处的场景如图 2-11所示。

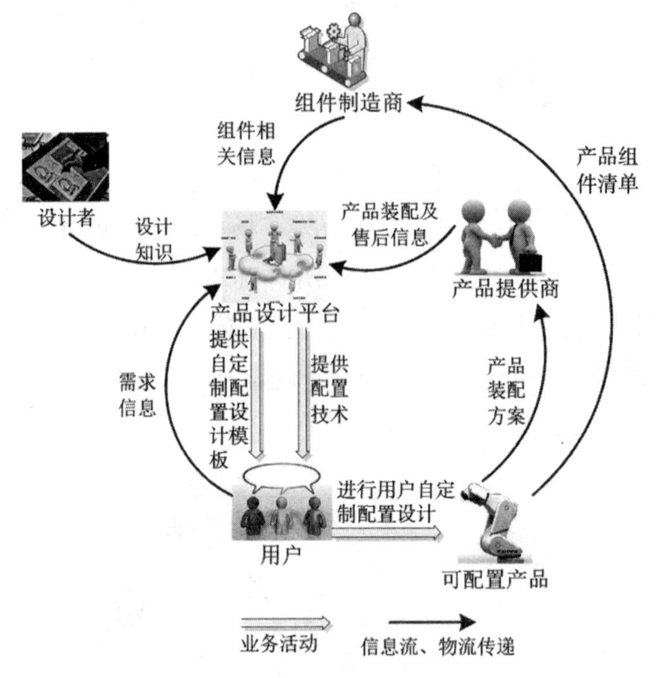

图 2-11 用户自定制配置设计场景

产品设计平台集成各种信息为用户进行自定制配置设计提供支持。这些信息中，设计者的设计知识包括其设计的各种组件及产品设计过程中需要用到的方法、注意事项等，组件制造商的组件相关信息包括其所制造组件的价格、产地、交货期等信息，产品提供商的产品装配及售后信息包括对用户设计产品的装配指导、产品使用指导、售后维修点等信息。除了这些信息，平台还为用户提供了设计模板，同时还有与模板相应的配置技术以保证用户自定制配置设计过程的顺利进行，以及保证最终配置结果的可行性。用户在产品平台上可以利用自定制配置设计模板直接开始配置工作，并在配置过程中参考平台提供的各种信息，选择最适合自己需求的组件组成最终设计结果。至此设计过程完成，后续对设计结果的处理都由平台完成。设计结果即最终的可配置产品，如定义 2.6 所述，包括两部分：一是产品的装配方案，产品提供商可根据该方案为用户进行最后的产品装配工作；二是产品组件清单，平台自动将该清单转化为对产品组件的订单，下达至各组件制造商处进行购买。

2.4.3　用户自定制配置设计过程技术状态管理

技术状态是指在技术文件中规定并在产品中达到的物理特性和功能特性。技术状态管理也叫构型管理（Configuration Management），是指在产品寿命周期内，为确立和维持产品的功能特性、物理特性与产品需求、技术状态文件规定保持一致的管理活动（GJB 3206A—2010）。如图 2-11 所示，用户在平台所提供的环境下进行自定制配置设计，设计过程中会根据自己的需求不断增加或删除组件，从而导致整体设计结果性能的改变。因此，平台需要提供对产品技术状态的管理，记录每次配置更改活动，并对每次更改所引起的其他改变进行同步。

如图 2-12 所示，对技术状态的记录，首先包括对产品功能特性的记录，功能特性是指用户希望能达到的性能，如工业机器人的重复定位精度、工作半径、运动速度、最大负载等；其次包括对产品物理特性的记录，物理特性是指用户所配置产品的物理形态，如组成产品的组件清单、组件装配关系、产品重量、尺寸等；最后包括对产品商业信息的记录，如价格、交货期、起订量、产地、运费等。技术状态的这 3 个方面分别描述了产品能够做什么，是什么物理形态，以及什么价格可以买到、多久能送货等信息。

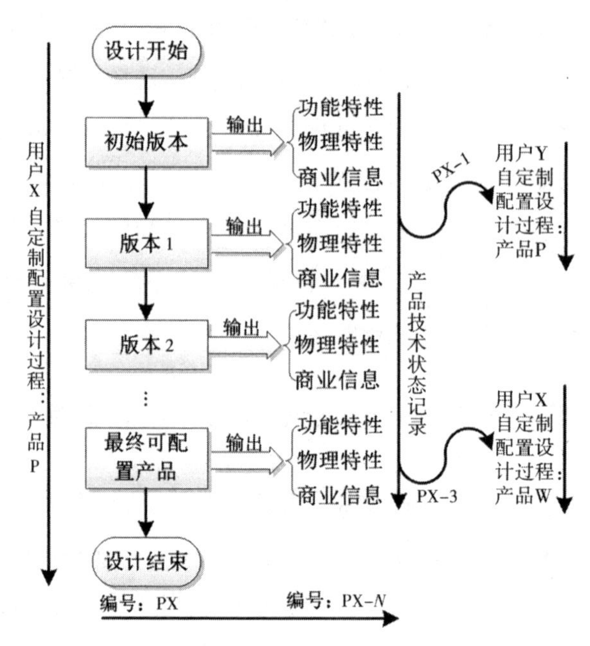

图 2-12　用户自定制配置设计过程的技术状态记录

当用户开始进行自定制配置设计时，便自动生成了所设计产品的编号 PX。其中，P 代表产品的名称，X 代表该产品的设计者名称（即用户名称），设计过程中所生成的版本用 PX-*N* 表示，*N* 为从 1 开始的数字，PX-1代表初始版本。PX-*N* 可以作为其他用户进行类似产品设计的初始版本，若用户 Y 也希望设计具有相同功能的产品 P，但对用户 X 设计的最终产品在具体细节上不满意，如觉得某些组件价格过高，则用户 Y 可在中间某个合适的版本（如 PX-1）的基础上进行自己的设计。PX-*N*还可以作为用户 X 进行其他种类产品设计的初始版本，如图 2-12 中用户 X 在产品 P 设计完成后，还需要设计产品 W。W 与 P 所具有的功能是不同的，但某些基础的组成相同，于是用户在 PX-3 的基础上进行产品 W 的设计。

由于存在图 2-12 中可定制配置产品版本之间的调用关系，因此当用户对可定制配置产品进行更改时，需要对与所更改产品版本相关联的所有产品进行更新。如图 2-13 所示，与编号为 PX-*N* 的产品所关联的产品版本包括：用户 X 在 PX-*N* 的基础上进行的下一次更改所形成的 PX-(*N*+1)；用户 X 以 PX-N 为基础设计的具有不同功能的产品 WX-1；用户 Y 以PX-N 为基础所设计的同类产品 PY-1。

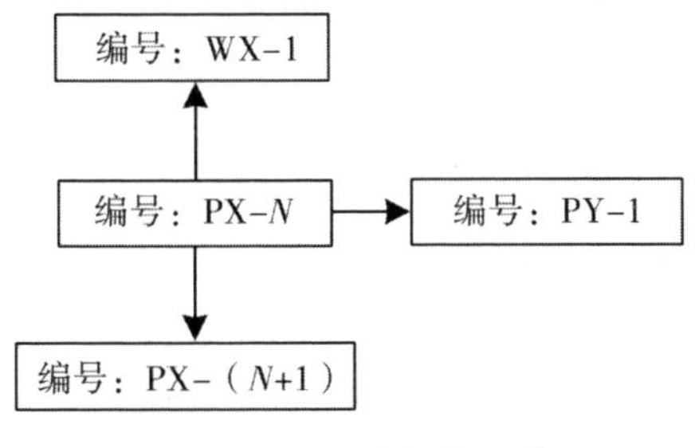

图 2-13　技术状态关联

2.5　案例：工业机器人用户自定制配置设计模式需求分析

1. 存在的问题

制造业是一个国家的支柱产业，对国民经济的发展具有重要影响。自改革开放以来，我国的制造业保持了多年的高速发展状态，这主要得益于我国长期以来所拥有的大量适龄劳动力。然而，在 2013 年 1 月国家统计局公布的数据显示，2012 年我国 15 ~ 59 岁劳动年龄人口首次出现了下降，这意味着我国人口红利即将消失。同时，从近年来不断出现的“用工荒”、人工费用快速上涨等现象也可以看出，制造业依靠传统廉价劳动力发展的优势已经不复存在，这迫使制造企业必须尽快转型，提高制造自动化的水平，采用工业机器人代替人工完成一些特定的任务。

与巨大的市场需求相比，我国的工业机器人技术发展水平却处于滞后的状态。长期以来，我国的工业机器人市场 90% 由国外企业占据，其中日本约占 60%，剩下约 30% 主要被欧美占据，国内企业占有率不足 10%。为了发展我国的机器人产业，国家在 20 世纪 90 年代相继建立了 9 个机器人产业化基地和 7 个科研基地，包括沈阳自动化研究所的新松机器人公司、哈尔滨工业大学的博实自动化设备有限公司等，研发了一批具有自主知识产权的工业机器人并投入使用。但是，还远远没有形成产业规模，不能满足国内市场的需求，与国外一些机器人强国相比有很大的差距。如何攻克工业机器人的技术难关，促进工业机器人产业快速发展，是目前亟须解决的问题。

2. **解决方式**

工业机器人是一种涵盖机械、电子、控制、计算机等多个领域的机电一体化产品，具有结构复杂、开发周期长、开发成本高等特点。目前，工业机器人技术主要集中在模块化、可重构、智能化方面，通过将工业机器人的部件设计为模块化的结构，然后将这些模块重新组合为具有新功能的工业机器人，同时为工业机器人安装各类传感器使其具有听觉、触觉、视觉等，能够对不同环境做出反应。模块化与可重构等技术可以使工业机器人生产实现大批量定制，在一定程度上解决了工业机器人开发周期长、开发成本高的问题。但工业机器人使用环境的特殊性使其需要满足高度的定制化，在全球化竞争日趋激烈的形势下，只有更快速地对多样化的用户需求做出响应，才能使企业立于不败之地。

在这种背景下，为了能够完全满足用户需求，实现高度定制化，用户参与配置的产品越来越多地走入人们的视线。在硬件产品领域，目前应用最广泛的是计算机，在计算机硬件领域内所有不同生产商的零部件接口都实现了标准化，用户可以按照自己的需求选择不同价格与性能的显卡、硬盘、显示器等，然后组装成一台完全定制的计算机。由于所有的接口都已经实现了标准化，因此用户并不需要专业的计算机硬件知识也能够保证最终产品的可行性。工业机器人行业也可以参照计算机产品的解决办法，允许用户参与产品设计，通过用户自定制配置设计模式在低成本的前提下快速响应用户需求，为用户提供完全定制的产品，从而实现整个产业的发展。

3. **所需关键技术**

如 2.3.4 节所述，实现用户自定制配置设计模式所需的前提是产品可配置，具有模块化的结构。目前，工业机器人大部分都为模块化的结构，并且已有大量关于可重构机器人的研究，工业机器人进行用户自定制配置设计的基础已经存在。另外，工业机器人与汽车等机电产品不同，汽车虽然也是模块化程度较高的产品，但其功能复杂，需要的模块众多，最终用户也多数不具备专业的设计知识，实现用户自定制的可能性不大；工业机器人用于工厂中代替简单重复性的工作，一般只要求实现单一的功能，不必进行复杂设计，而且工业机器人的使用者是工厂，拥有具备机械专业知识的员工，这些特点提高了其实现用户参与深度设计的可能性。

在可配置产品的基础上，用户自定制配置设计模式还需要产品设计平台的支持，通过对平台上相关参与者的管理与协调，保证该模式的顺利进行。具体到工业机器人企业，所需的关键技术包括以下 3 个。

（1）工业机器人产品平台技术。工业机器人的组成模块涉及多个领域，如何将实际的物理组件转化为平台上的虚拟服务件，从而为用户提供自定制配置设计服务，是需要解决的问题。

（2）对用户自己设计工业机器人的支持技术。工业机器人的组成零部件非常多，用户不可能对每个细节都亲自设计，否则会导致巨大的工作量。而工业机器人在整体结构上又具有相似性，基本上是模仿人类手臂组成的关节结构。因此，需要设计工业机器人的自定制配置设计模板，为用户提供设计指导。

（3）平台保证用户自定制配置设计的内部支持技术。工业机器人是一种复杂的机电产品，配置过程中如何将模板中的用户输入转化为对产品参数的计算，如何将产品参数转化为对组件的需求，配置完成后如何保证产品使用时的振动、变形、精度等问题满足要求，都需要在平台内部通过一系列的技术标准来保证。

2.6　本章小结

本章提出了一种用户自定制配置设计模式。首先分析了目前存在的设计方法，说明提出该模式的原因，并介绍了与该模式相关的理论基础；其次给出了用户自定制配置设计模式的定义、商业模式及实现该模式所需的技术支持，分析了在该模式下用户进行设计的场景及设计过程的技术状态管理方法；最后以工业机器人产业用户自定制配置设计模式为例进行了需求分析，介绍了工业机器人产业用户自定制配置设计的必要性、优势及关键技术。

第3章 产品构成要素的组件化建模

产品由零部件构成，用户自定制配置设计模式下，符合一定接口标准的零部件都称为组件。将现实世界中的物理组件进行形式化描述，使其能够在计算机中存储，是进行用户自定制配置设计的基础。描述方式取决于使用目的。白晶等[165]在数控系统的配置设计过程中，采用物元模型对产品的模块进行描述，这一模型主要侧重配置过程中对模块的使用。本书提出的用户自定制配置设计模式是在开放平台上实现的，平台的组件库中会有越来越多的组件，如何能够高效准确地找到配置所要使用的组件也是必须要考虑的问题。基于本体的产品表示方法正是为了解决检索效率问题而提出的[166,167]。但是在已有的文献中，本体表示方法只解决能够高效检索组件的问题，却不能提供对组件使用的支持。基于以上分析，本章构建了产品构成要素的组件化模型，为产品组件的检索和使用提供支持。

3.1 组件化理论与方法

3.1.1 事物形式化描述

形式化方法是在数学的基础上，利用语言、技术和工具来规范并验证复杂系统的方法[168]。常用的形式化方法有代数法、状态机、Petri 网等。

但这些方法一个共同的缺点就是与现实世界之间不能直接对应，导致从现实世界到形式化模型的转化比较困难。面向对象的思想提供了一种对现实世界进行对应描述的方法，该方法将现实世界中的事物视为对象。为了能够在计算机中对现实世界进行模拟，需要将现实世界中的对象进行形式化表达，抽象为计算机中的对象。但是，现实世界中的对象数量是非常多的，将每个对象都在计算机中进行表达是不现实的，也是没必要的，因此将具有相同属性和行为的对象进行抽象封装，形成类。例如，现实世界中有很多人，在计算机中进行描述时，可以将其抽象为一个 Person 类，在具体使用时，根据需要对这个类赋值，使其实例化为某个人如李明，李明拥有 Person 类的全部属性与行为。图 3-1 以人植树为例说明了面向对象的思想。

面向对象的思想用接近人类思维的方式在计算机中构建各种类之间的联系与交互，最终反映现实世界，同时通过封装将实现方法隐藏，通过继承实现类的扩展，通过多态实现对象的不同执行结果等，使得系统易于维护和扩展。

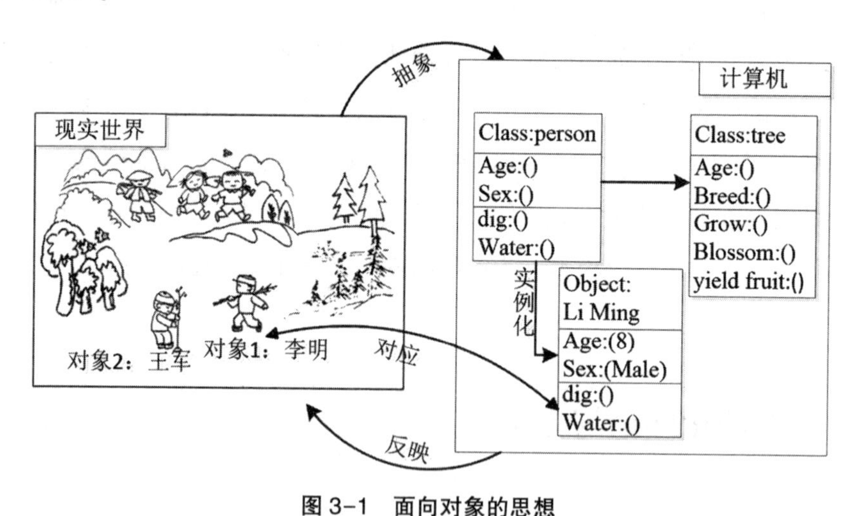

图 3-1　面向对象的思想

3.1.2　本体与论域

本体是一个哲学的概念，研究事物存在的本质。在计算机领域，本体是一个概念化的明确的形式化规范[169]。论域是指某一领域中作为研究对象的实体集合。例如，在研究工业机器人时，论域便是所有构成工业机器人的零部件及工业机器人产品。设所要研究的论域为 D，则 D 的概念化表示为一个三元组结构 $\langle D, W, R \rangle$，其中 W 为 D 中事物的最大状态（或可能世界）的集合，R 是域空间上概念关系的集合[170]。将概念化进行明确的定义，并用计算机将能够理解的形式表示出来，即构成本体。本体包括 5 个基本的建模元素：类（classes）、关系（relations）、函数（functions）、公理（axioms）和实例（instances），通常也把 classes 写成 concepts[171]。概念可以代表任何事物，关系表示概念之间的相互作用，函数是一种特殊的关系，公理代表永真的声明，实例代表元素即对象。

本体通过 5 个建模元素对论域进行描述，建立计算机与论域之间的联系，使计算机能够从语义层次上理解所要研究的领域。由于概念间关系的存在，计算机可以进行语义推理，这也是利用本体表示方法提高检索查全率、查准率的原因。

本体与面向对象的思想都有类和对象的概念，但是两者的使用目的不同。面向对象应用于具体的系统如软件或某个事物的实现过程，对类的描述注重类在系统中所能实现的操作，属于功能级的描述。面向对象对语义的描述基于自然语言，并没有准确的定义。例如，在系统中有一个类 A，对 A 可以有不同的语义解释，不同的语义不影响系统本身的实现。而本体则从语义层次对领域中的共同知识进行准确的抽象描述，它并不关注某个类在具体的系统中如何发挥作用，从知识级上描述类在所研究的领域中处于什么位置，与领域中的其他类有什么交互关系，这些描述可以作为领域知识用于以后的具体系统实现。面向对象中的对象与类处于不同的层次，类图中不会出现对象，对象图是对系统在某一个时刻状态的描述，而本体中的对象则是本体的重要组成部分，是粒度最小的概念[172]。类可以看成对象的集合，它们存在于同一个本体中。

3.1.3　组件化与服务化

由定义 2.2 可知，将产品的零部件变为组件最关键的问题是接口。将零部件发布到平台上，不管零部件的内部结构如何，只要接口符合一定的标准，能够与其他功能类似的零部件进行替换，就认为零部件是符合组件化标准的。在用户自定制配置设计模式中，接口的标准由平台定义并发布。这个对产品零部件的接口进行统一规范定义的过程称为组件化。

从图 2-5 可以看出，在用户自定制配置设计模式下，用户在网络化的设计平台上进行设计，而不在生产现场将物理组件进行组装。因此，进行设计的前提是将组件化的零部件进行形式化描述，并发布到平台上为用户提供配置服务，这个过程称为组件的服务化。

产品零部件先经过组件化，变为具有标准接口的组件，再经过服务化，变为服务件存储在平台中。用户进行自定制配置设计时，不是利用物理组件进行装配的，而在平台上通过服务件提供的服务进行虚拟产品的组装配置。

3.2 产品零部件的组件化描述模型

3.2.1 组件对象模型

将产品零部件的接口进行规范统一后，零部件便成为组件。利用基于面向对象的形式化描述方法，将组件视为对象，从属性和操作两方面对组件进行描述。同时根据组件的定义可知，组件封装了零部件的内部结构，与外界的交互只通过接口进行，因此，接口也是组件非常重要的一个参数，需要单独描述。组件对象可用下式表示：

$$\mathrm{Ob} = \{\mathrm{Atr},\ \mathrm{Int},\ \mathrm{Ope},\ \mathrm{Inc}\} \tag{3-1}$$

式中，

Atr ——组件对象的属性，$\mathrm{Atr} = \{a_1,\ a_2,\ \cdots,\ a_n\}$，$a_i$ 表示组件的功率、尺寸、惯量、重量等技术特征，Atr 中每个参数的值域用 $\mathrm{Atr}^v = \{a_1^{\ v},\ a_2^{\ v},\ \cdots,\ a_n^{\ v}\}$ 表示，$\mathrm{Vatr} = \{Va_1,\ Va_2,\ \cdots,\ Va_n\}$ 表示参数的具体值。

Int —— 组件对象的接口，Int= $\{i_1,\ i_2,\ \cdots,\ i_m\}$，$i_m$ 描述与其他组件连接交互的信息，如物理接口的类型、物理接口的属性及接口能通过的实体流。物理接口的类型可分为机械接触类（如用运动副连接的组件物理接口）、数据传输类（如用数据线连接的组件物理接口）、非接触类（如通过无线、红外等连接的组件物理接口）；物理接口的属性包括机械接口尺寸、接口通信协议等；接口所能通过的实体流包括信号、数据、能量、物理实体等。当两个组件具有连接关系时，必定有两个接口能够匹配，匹配的含义是指两个接口的类型、属性、能通过的实体流都相同。接口是一种特殊的属性，其他组件对象对该组件对象功能的调用都必须通过接口进行。

Ope ——组件对象的操作，Ope = $\{o_1,\ o_2,\ \cdots,\ o_j\}$，$o_j$ 描述组件提供或依赖的功能。

Inc ——组件对象属性的约束关系，Inc = $\{c_1,\ c_2,\ \cdots,\ c_k\}$，$c_k$ 描述了当组件对象内部的某个属性发生变化时对组件对象中其他属性的影响。Inc 可以用一组约束方程或产生式规则表示，在 Inc 的约束下可以对组件对象的属性或属性值进行变更，使得组件对象能够在一定范围内扩展。当 Inc 为空时，代表组件对象为标准件，不可扩展。

3.2.2　组件商业模型

组件对象模型描述了组件的技术参数，组件商业模型则从商业交易的角度，记录组件的创建、发布、调用、制造等各方面信息，可用下式表示：

$$\mathrm{Ma} = \{m_1,\ m_2,\ \cdots,\ m_n\} \tag{3-2}$$

式中，

m_i —— 平台管理服务件需要的版本、创建时间、发布者、使用次数、制造者等信息，以及由制造者发布的用户关注的组件供应商、价格、产地、易用性、供应是否充足、交货期等信息。

Ma 并不描述组件的本质属性，是组件在发布、制造和使用过程中产生和使用的信息，对于一个集成了各参与方的平台来说，Ma 是平台运行和产品交易必不可少的信息。

3.3 产品组件的服务化

3.3.1 基于本体的表示方法

产品零部件的组件化描述模型为用户在具体的产品配置设计中使用组件提供了支持。但是，还需要按照一定规范将模型发布到平台上成为服务件，使用户能够找到需要的组件，才能真正地为用户提供服务。本书利用基于本体的表示方法对组件化描述模型的概念进行统一。首先构建领域本体。设所要研究的论域为 D，D 的本体表示记为 O，有

$$O=\langle C, R, A, I\rangle \tag{3-3}$$

式中，

$C=\{c_1, c_2, \cdots, c_n\}$ —— O 中的概念集合，以工业机器人为例，这些概念有普通的概念如改变扭矩、支撑等，还有代表组件的概念如基座、伺服电机等，$C \subseteq D$。

$R=\{r_1, r_2, \cdots, r_m\}$ —— O 中概念间的二元关系集合，$R \subseteq C \times C$。$r_i(c_x, c_y)$ 表示概念 c_x 和 c_y 之间存在 r_i 关系，在这个关系中，r_i 的定义域为 c_x，值域为 c_y。关系是有方向的，如 $r_i(c_x, c_y)$ 与 $r_i(c_y, c_x)$ 不一样，$r_i(c_x, c_y)=-r_i(c_y, c_x)$。

$A=\{a_1, a_2, \cdots, a_n\}$ —— O 中的公理集合。

$I=\{i_1, i_2, \cdots, i_n\}$——$O$ 中的实例集合。

3.3.2 服务件描述方法

将服务件记为 S，有

$$S=\langle \mathrm{ID}, \mathrm{On}, \mathrm{Ob}, \mathrm{Ma}\rangle \tag{3-4}$$

式中，

ID—— 服务件的唯一标识，On 为 S 在本体中的概念描述，Ob 为 S 对象层面的描述，Ma 为 S 商业层面的描述。

根据本体表示方法，有：

$$\text{On} = \{c_i,\ R^{c_i}\} \tag{3-5}$$

式中，

$R^{c_i} \subseteq R$——S 与领域中其他概念之间存在的关系集合。

$R^{c_i} = \{r_1^{c_i},\ r_2^{c_i},\ \cdots,\ r_n^{c_i}\}$，$r_j^{c_i}$ 表示本体中必定存在概念 c_j，与概念 c_i 之间是 $r_i^{c_i}$ 关系。

在本体中，概念间的二元关系也可以看成概念的一种特殊属性，称为关系属性。关系属性的值域是本体中与概念存在关系的其他概念。例如，对概念 c_i，本体中存在关系 $r_x^{c_i}(c_i,\ c_m)$，$r_x^{c_i}(c_i,\ c_n)$，那么概念 c_i 具有关系属性 $r_x^{c_i}$，该属性的值域为 $\{c_m,\ c_n\}$。

除了关系属性，每个概念还有数值属性。数值属性属于概念自身所具有的特性，如 S 中的 Ob 与 Ma 是 S 的数值属性，数值属性的值域是 Ob 与 Ma 中每个参数的取值范围。

概念的两种属性如图 3 - 2 所示。概念 c_x 拥有关系属性 r_i 和数值属性 a_i，r_i 的值为 c_y，即 c_x 和 c_y 间存在 r_i 关系，a_i 的值域为 a_i^v。

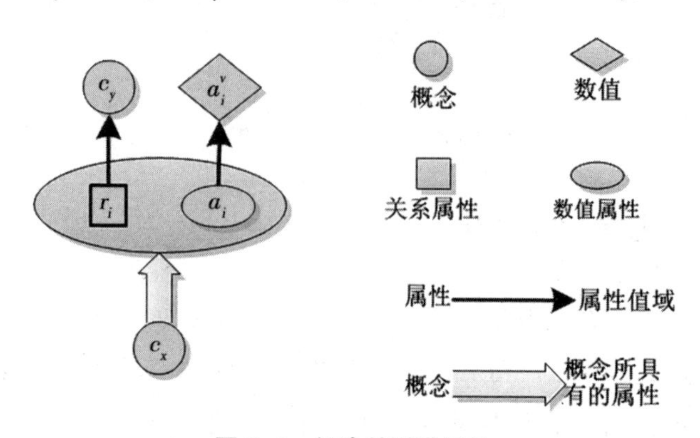

图 3-2　概念的两种属性

将服务件作为领域本体中的概念进行表示，添加该概念与其他概念之间的关系，从而实现领域知识的重用，方便组件的检索。服务件从本体面、对象面、商业面 3 个角度对组件进行了全面的描述，在用户自定制配置设计模式中所起的作用如图 3-3 所示。其中，对象面为用户自定制配置设计提供组件的技术参数；本体面提供组件的规范化概念描述及与其他概念的关系，最终为用户检索到所需的组件提供支持，也为设计者发布服务件提供了规范；商业面提供设计组件的设计者信息及制造组件的制造商信息，平台通过管理这些信息为用户提供最佳的服务件数据库。

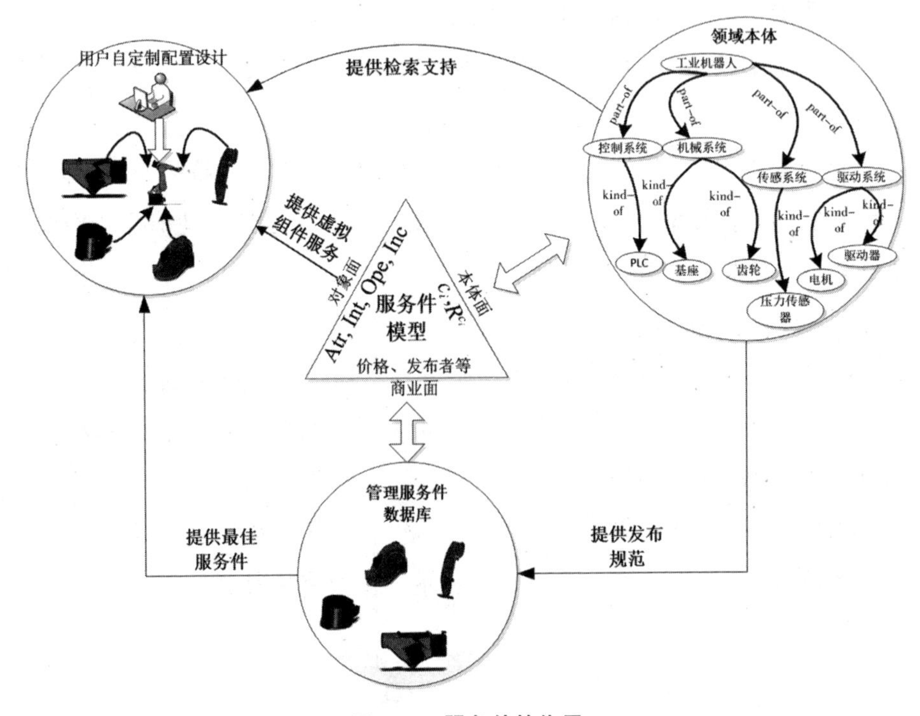

图 3-3　服务件的作用

3.3.3　服务件实例化

在面向对象的思想中，对抽象类赋值使其变为对象的过程称为实例化。但是通过式（3-3）可知，服务件不仅是面向对象中的抽象类，还是本体中的概念，因此本书中服务件的实例化有两层含义：对象实例化和组件实例化。

定义 3.1（对象实例化）：产品设计者对服务件的各参数赋唯一值的过程，称为对象实例化。经过对象实例化后的服务件成为组件对象，记为$\triangle S$。

定义 3.2（组件实例化）：组件制造者根据组件对象进行制造，使组件对象变为现实世界中组件的过程，称为组件实例化。经过组件实例化后的组件将被加入本体实例集合，作为知识存储。

服务件的实例化如图 3-4 所示。

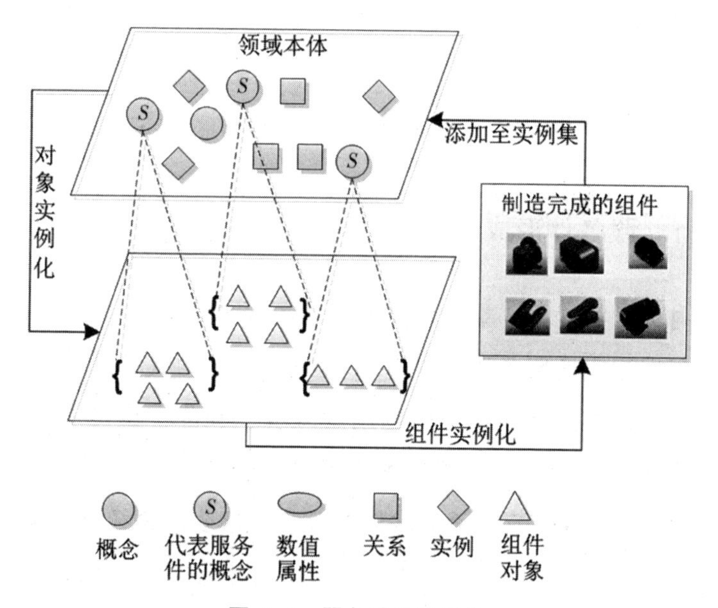

图 3-4 服务件的实例化

对象实例化使得用户能够在计算机中利用组件对象进行自定制配置设计，但组件对象仍然是存在于计算机中的抽象模型，组件实例化使得用户能够得到实际的物理产品，将实例加入本体实例集合中，有助于用户快速搜索到满足需要的组件。需要注意的是，在面向对象的思想中，类的对象与现实中的对象是一一对应的，如图 3-1 所示，Person 类的一个对象 Li Ming，对应现实世界中的李明。但在物理产品领域，组件对象仍然是一个类，它对应的是现实世界中某一个型号的组件集合。例如，将某一个服务件的所有参数确定后，得到一个组件对象，它与现实世界中某一个型号的电机对应，但同一个型号的电机不只一台，一般都是批量生产的，所以这个组件对象代表的是这一型号的所有电机。产生这个区别的原因是，在面向对象的实例化中，当类中所有的参数确定后，实例便唯一确定。但在物理产品领域，服务件中所有参数确定后，只能确定组件的型号，只有知道每个组件的唯一编号，才能唯一确定一个组件。但用户自定制配置设计不需要了解同一型号的每个组件编号，只需要调用这一型号组件即可，如果为了将组件对象与现实世界中的组件一一对应而在服务件中增加对并不需要的组件编号的描述，则会增加模型的冗余。

3.4 服务件的形成与扩展

3.4.1 服务件形成过程

从面向对象角度看，服务件是对组件对象的抽象，只有存在组件对象，才能存在相应的服务件，这些对象的参数值构成了某个概念所代表的服务件中参数的值域。从本体论角度来看，服务件也是组件实例的集合，但是组件实例为空并不影响服务件作为本体中的概念存在。例如，在图 3-4 中，本体中存在代表服务件的概念，这些概念经过对象实例化后必定会产生组件对象，但这些概念不一定会有概念实例。只有当其组件对象经过组件实例化后，才会产生实例。

服务件由平台创建，形成过程如图 3-5 所示，其值域由设计者所发布的组件对象与组件制造者所发布的组件组成，具体过程包括以下两个方面。

（1）设计者根据市场上的用户需求，设计出设计文档并按照标准将其描述成组件对象发布到平台上，平台将具有相同 c_i 值的组件对象抽象为一个服务件，服务件中每个参数的值域由组件对象的取值组成。但由于还没有经过组件制造商的制造，因此并不存在实际的物理组件，需要经过组件实例化后才能得到组件，如图中实线箭头所示。

（2）组件制造商将自身所拥有的组件按照标准描述成组件对象发布到平台上，平台将该组件对象归入某个服务件中，如果该组件对象不属于平台中已经存在的任何一个服务件，则平台先添加一个新的服务件，该服务件的值域只有组件制造商刚发布的这个组件对象。组件制造商拥有的组件本身就具有实例，不需要经过组件实例化即可直接添加到本体的实例集中，如图中虚线箭头所示。

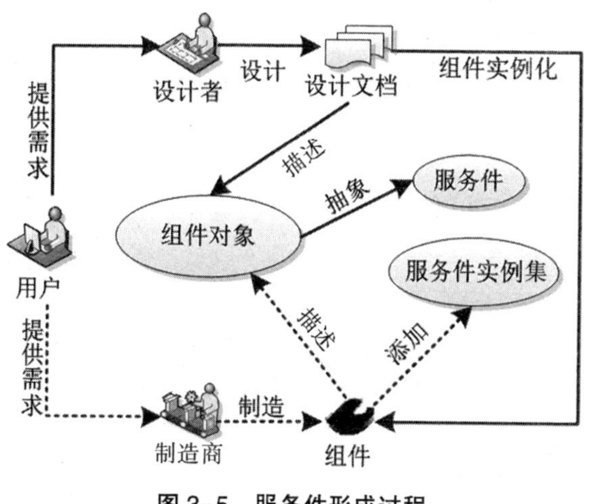

图 3-5　服务件形成过程

3.4.2　服务件扩展机制

在用户自定制配置设计过程中，用户对服务件的需求是多样化并且不断变化的，固定的服务件并不能为用户提供良好的体验，服务件需要能够根据具体情况进行适当的扩展以满足需求。因此，服务件必须提供扩展机制，但同时服务件的扩展不能是无限制的，因为无限制的扩展有可能会引起服务件的性能发生不可预期的变化，从而导致配置设计失败。

每个服务件的四元组表示结构是固定不变的，不允许对 4 个抽象元组进行更改，这就保证了服务件的稳定性。服务件的扩展从对象层开始，通过修改对象层的技术参数实现服务件的扩展，并通过服务件内部的 Inc 实现对服务件技术参数扩展的控制。Inc 规定了服务件扩展集合的边界，通过在 Inc 的约束下扩展服务件，以满足用户对服务件的不同需求，使得服务件在保持稳定结构的前提下具有较强的适应性和灵活性。随着新技术的发展，服务件所受的扩展约束可能会产生变化，Inc 还提供了对外部发布者的可变视图，服务件的发布者通过升级 Inc 即可实现对服务件的更新，而不需要更改服务件的其他参数。

服务件的扩展过程如图 3-6 所示。扩展自底向上分为以下 3 个层面。

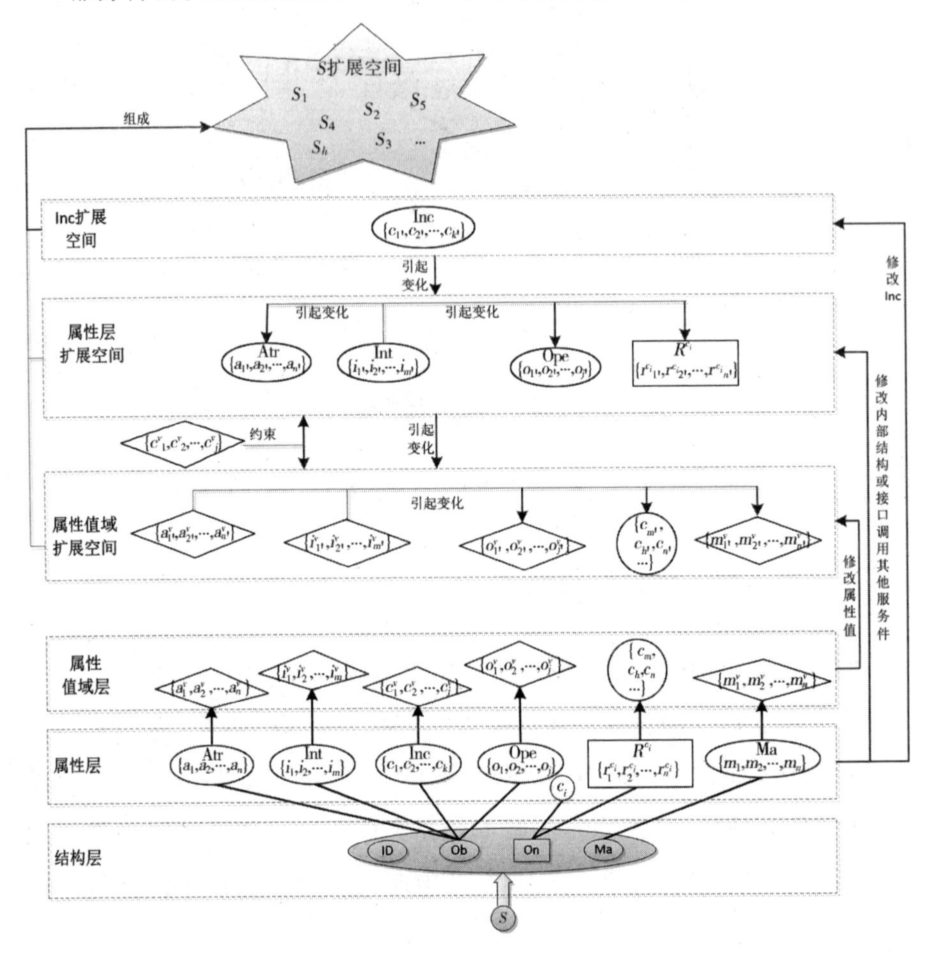

图 3-6 服务件的扩展过程

（1）通过服务件的形成过程可知，每个服务件都是由组件对象的集合组成的，因此服务件的每个属性都有取值范围，取值范围中的每个取值对应组成服务件的每个对象，通过取值域中不同的值，可以实例化为不同的组件对象。当值域中所有的组件对象都不能满足需求时，便需要对 Ob 中 Atr 和 Int 属性值域进行扩展。扩展值域实际上是向服务件中增加新的能满足需求的组件对象，这种值域的扩展不会引起服务件上层属性的变化，但会引起同一层中的 Ope、R^{c_i}、 Ma 等值域的变化。

（2）当值域的扩展不能满足需求时，便需要对 Ob 中 Atr 和 Int 属性进行扩展。对属性的扩展有两种方式，一种是通过 Int 接口调用其他的服务件实现接口的扩展，如控制器可通过自身的某个接口连接传感器，通过对传感器的调用增加了原来没有的感知功能，实现了自身功能的扩展，这种方式简单直接，是属性扩展优先采用的扩展方式。另一种是通过修改服务件的内部结构实现外部接口的扩展，这种方式对服务件的改动较大，只有在接口扩展不能满足需要的前提下才会采用。这两种方式的修改都会引起 Atr、Ope、R^{c_i} 属性的变化，当属性扩展完成后，相应属性具有的下层属性值域也会随之发生变化。需要注意的是，Ma 的属性描述一些固定的商业信息，因此 Ma 的组成元素不能扩展，但其值域会根据其他属性值域的变化而变化。属性和属性值域的扩展并不是随意的，都受 Inc 的约束。

（3）关于 Inc 的扩展，当更先进的设计方法或制造技术出现时，都可能会导致原来服务件必须遵守的约束减少，并由此引发 Inc 的变更。Inc 的扩展并不会引起服务件的变化，但由于它的改变，服务件属性的可扩展空间会发生变化，而属性的扩展又会导致属性值域更大的扩展空间，一层一层的放大效应使得 Inc 的扩展对服务件的影响最大，因此 Inc 的扩展很少使用，一般通过前两层扩展即能满足需求。

调用服务件的用户可进行的扩展只限于属性和属性值域层，Inc 的扩展只有该服务件的发布者才能进行操作。3 个层面的扩展由浅入深，一起组成了服务件的可扩展空间。这种机制既保证了服务件一方面对用户灵活可扩，另一方面对发布者便于更新，又保证了服务件可扩展空间的技术可行性。

3.5 案例：工业机器人领域本体与核心组件建模

3.5.1 工业机器人领域本体构建

构建本体的步骤包括确定领域中的概念、概念的层次、概念之间的关系、添加实例[173]。工业机器人领域内的概念可通过请教领域专家，用枚举方式获得。本书建立的工业机器人领域本体的概念包括 3 大类：第 1 类是按照功能划分的工业机器人类型，包括焊接机器人、搬运机器人、码垛机器人、洁净机器人、涂胶机器人等；第 2 类是构成工业机器人的组件，包括通用的机械系统、电气系统、驱动系统、传感系统、电机、驱动器、基座、立柱、关节等，以及某些工业机器人特有的传感器、末端手指等；第 3 类是用户期望工业机器人及其组件提供的功能，包括提供动力、增大扭矩、焊接、搬运等。如图 3-2 所示，本体中的每个概念都包含数值属性及与其他概念之间的关系属性。

本体中概念之间有 4 种基本关系，包括整体与部分关系（part-of）、父概念与子概念关系（kind-of）、概念与属性关系（attribute-of）、概念与实例关系（instance-of）[174]。根据不同领域的特点也可以有其他的关系。结合本体与面向对象的思想，本书将工业机器人领域内的概念关系确定为以下 8 种。

Ha：代表 has-a 关系，Ha（C_x，C_y）表示 C_y 是 C_x 的非必需组成部分。例如，Ha（工业机器人，红外传感器）表示红外传感器是组成工业机器人的一部分，但不是所有的工业机器人都有红外传感器，这两者的关系还可以用-Ha（红外传感器，工业机器人）表示。

Ca：代表 contains-a 关系，Ca（C_x，C_y）表示 C_y 是 C_x 的必需组成部分。例如，Ca（工业机器人，基座）表示任何工业机器人都必须包含基座。

As：代表 associate-of 关系，As（C_x，C_y）表示 C_y 与 C_x 之间存在业务逻

辑上的必要联系但又不属于以上 4 种基本关系。例如，As（电机，驱动器）表示电机和驱动器在实现功能时需要连接在一起使用。

At：代表 attribute-of 关系，At（C_x，C_y）表示 C_y 是 C_x 的属性。例如，At（基座，重量）表示重量是基座的一个属性。

Io：代表 instance-of 关系，Io（C_x，C_y）表示 C_y 是 C_x 的实例。例如 Io（电机,XX 型号电机）表示 XX 型号电机是电机的一个实例。

Ac：代表 achieve-of 关系，Ac（C_x，C_y）表示 C_y 是 C_x 的实现。例如，Ac（改变扭矩，变速器）表示变速器能够实现改变扭矩的作用。

Do：代表 depend-on 关系，Do（C_x，C_y）表示 C_y 依赖 C_x，这是一种实例间的依赖关系，比 As 关系的耦合度要高。例如，Do（XX 型号电机，XXX 型号驱动器）表示 XX 型号电机必须使用 XXX 型号驱动器。

Ia：代表 is-a 关系，Ia（C_x，C_y）表示 C_y 是 C_x 的一个子概念。例如，Ia（传感器，红外传感器）表示红外传感器是传感器的一种。

在这 8 种关系中，Ha 和 Ca 关系都属于整体与部分即 part-of 关系，分为两种能更准确地定义整体和部分之间的关联强度，为以后的自定制配置设计提供更准确的概念语义。前 7 种属于概念之间的横向关系，最后 1 种属于概念之间的纵向上下位关系，通过定义概念之间的上下位关系明确领域中的概念层次。

在建立工业机器人领域本体时，首先明确概念及概念层次即上下位关系，在 Protégé 中按照父子关系添加概念，形成工业机器人领域本体的层次概念，如图 3-7 所示。然后分析概念之间的横向关系，为概念之间建立上面所提出的 7 种横向关系。最后为概念添加实例，得到工业机器人领域本体如图 3-8 所示，图中带有◆标志的部分表示实例。工业机器人领域本体中大部分代表服务件的概念都具有多个实例，限于篇幅，图中不再一一列出。

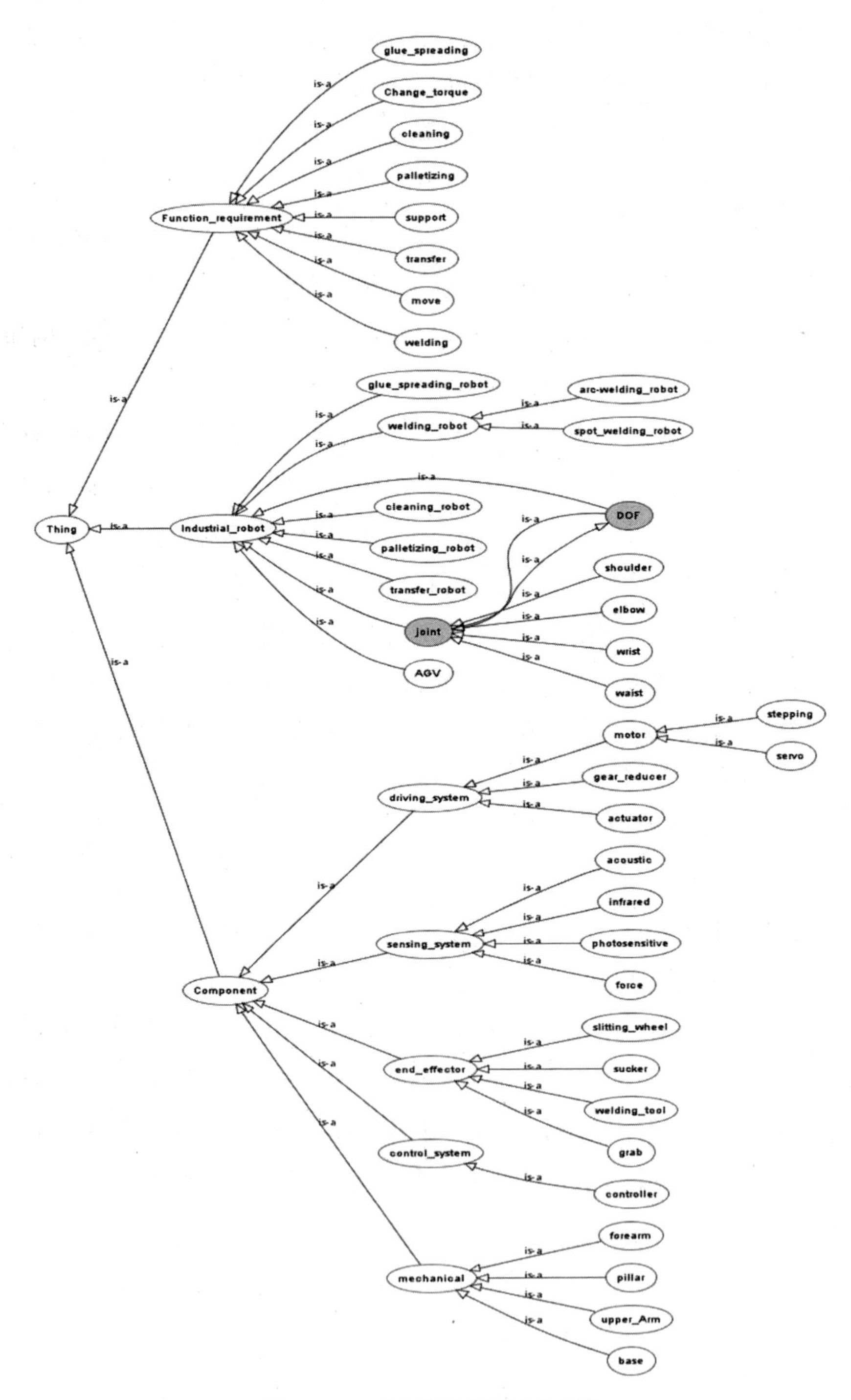

图 3-7 工业机器人领域本体层次

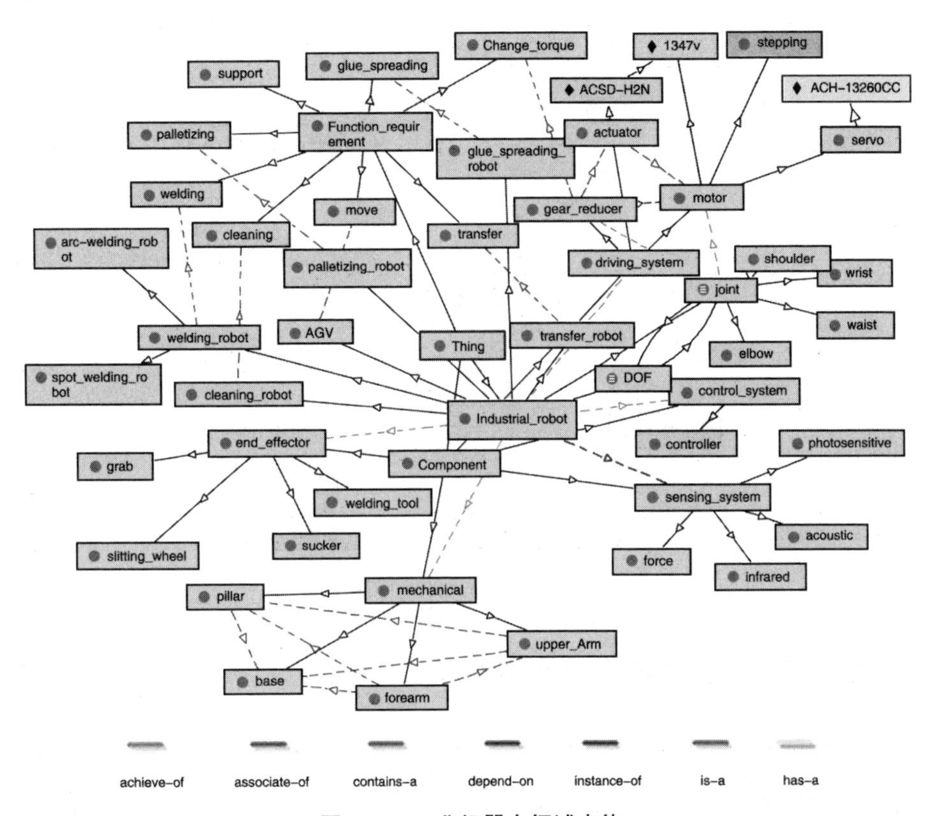

图 3-8　工业机器人领域本体

下面利用本体进行简单的查询操作来展示本体表示的优势。例如，输入查询词“DOF”，查询条件为“contains”，即查询所有包含 DOF 的概念，单击 search 按钮后，输出的结果如图 3-9 所示。系统不仅找出了所有与 DOF 相关的概念，而且给出了与这些相关概念存在关系的概念。通过查询结果可知，虽然自由度 DOF 与电机之间没有直接的联系，但是两者通过 joint 产生了联系，两者之间是 contains-a 关系，即电机是组成自由度的必要组件。

最初建立的工业机器人领域本体是通过总结以往经验与专家知识本体得到的，在实际使用过程中由于现实情况的不同，可能会出现某些问题，需要经过反复修改与完善，最终才能形成能够准确描述现实世界的领域本体。

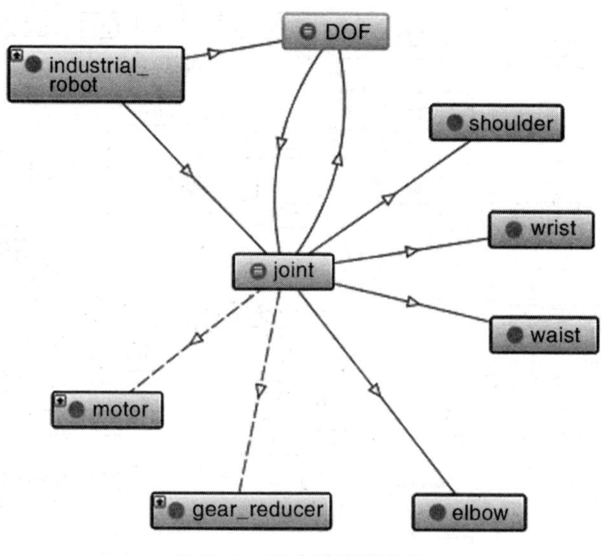

图 3-9　查询输出的结果

3.5.2　工业机器人组件的服务化

工业机器人的组件涉及多个领域，包括机械、电气、控制等，不同领域的组件结构及特征有很大差别。通过统一进行抽象描述，使其成为服务件，在自定制配置设计过程中能够被方便地调用或删除。下面举例说明如何将工业机器人组件进行形式化描述使其成为服务件，以及服务件如何实例化为具体的组件对象。

1. 谐波减速器形式化描述

本体中存在减速器概念，同时概念中存储了减速器的各属性和属性值域。根据市场上的需求，某设计者为工业机器人的小臂关节设计了一个新的谐波减速器。设计者按照服务件的标准对其进行形式化描述的结果如图 3-10 所示。

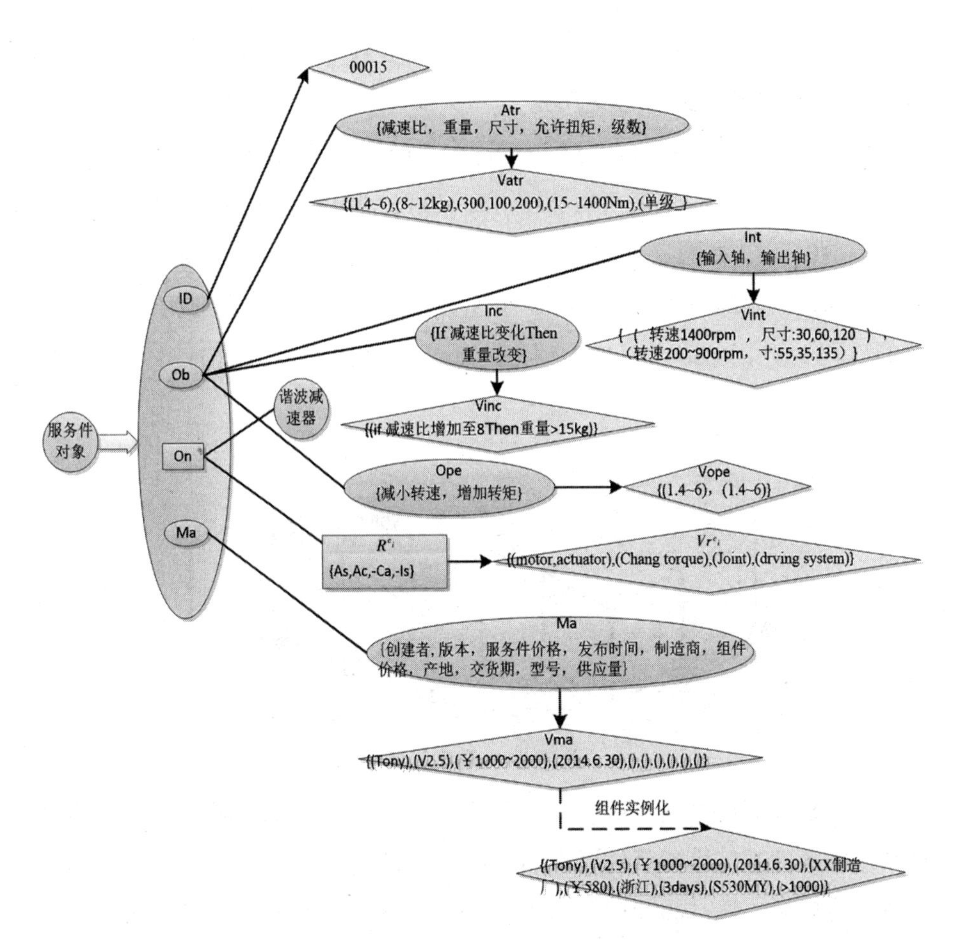

图 3-10　某谐波减速器形式化描述实例

描述完成后便可发布到平台上作为组件对象。平台将该组件对象的参数值加入本体减速器概念的值域中，在以后的配置设计过程中，该组件对象就可以作为概念的对象实例化结果供用户调用。由于该组件对象还没有经过组件实例化，因此 Ma 中与制造相关的信息值都为空。如果用户在自定制配置设计过程中选择该组件对象，得不到最终的物理产品。

假设某减速器制造商根据自己的生产能力，从平台的组件对象中选择了上述减速器进行生产，即通过组件实例化将其变为具体的组件。制造完成后，Ma 中的制造商、组件价格、产地、交货期、型号、供应量则分别被赋值为 XX 制造厂、￥580、浙江、3days、S530MY、>1000，平台将该型号组件作为一个实例存储到本体的减速器实例集中，这时如果有用户在自定制配置设计过程中选择了该组件，则能够直接购买使用。

2. **基座服务件实例化及扩展**

用户在自定制配置设计过程中调用了基座这个服务件，本体中基座的尺寸参数的值域为｛高度（20，30，40），半径（10，15，20），厚度（5，8，10）｝，如图 3-11 所示，为了简捷，图中只标出了与扩展相关的参数。通过对象实例化，得到 3 个基座对象的尺寸，分别为｛（20），（10），（5）｝，｛（30），（15），（8）｝，｛（40），（20），（10）｝，如图 3-12 所示。

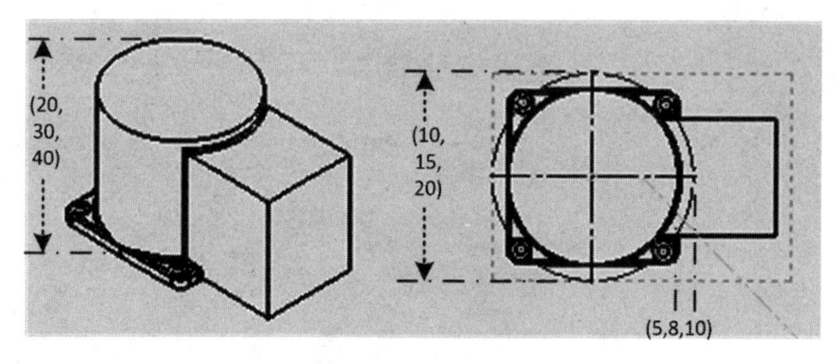

图 3-11　基座值域

对于某个用户来说，这 3 个对象的高度都不能满足要求，因此，用户对基座服务件进行属性值域层次的扩展。将最接近尺寸要求的第 3 个基座对象进行扩展，将其高度扩展为 45。为了保证基座的支撑强度，该基座对象中 Inc 参数规定了高度与厚度的关系，即每当高度增加 1，厚度增加 0.1。因此，扩展高度后的基座厚度也随之变化为 10+(45−40)×0.1=10.5，扩展后得到新的基座组件对象，尺寸为｛（45），（20），（10.5）｝。随后，用户对扩展后的服务件进行对象实例化，对服务件中的其他参数一一赋值，得到基座如图 3-13 所示，调用该组件对象进行自定制配置设计。

用户完成服务件的扩展后，平台需要根据扩展结果对本体中的服务件进行更新，将基座的尺寸参数值域更新为｛高度（20，30，40，45），半径（10，15，20），厚度（5，8，10，10.5）｝。根据图 3-6 所示的服务件扩展机制可知，Atr 属性值域的扩展可能会引起服务件 Ope、Ma、R^{c_i} 值域的扩展。在此例中，基座尺寸值域的增加，导致 Ope 中“可装电机型号”这一属性的值域发生扩展，增加了一个更大尺寸电机的型号。从本体中可以查询到基座的 R^{c_i} 值域如图 3-14 所示，从图中可以看出，在现有的本体中，基座的尺寸值域扩展并不能引起其与其他概念的关系发生改变，因此，基座的 R^{c_i} 值域不变。

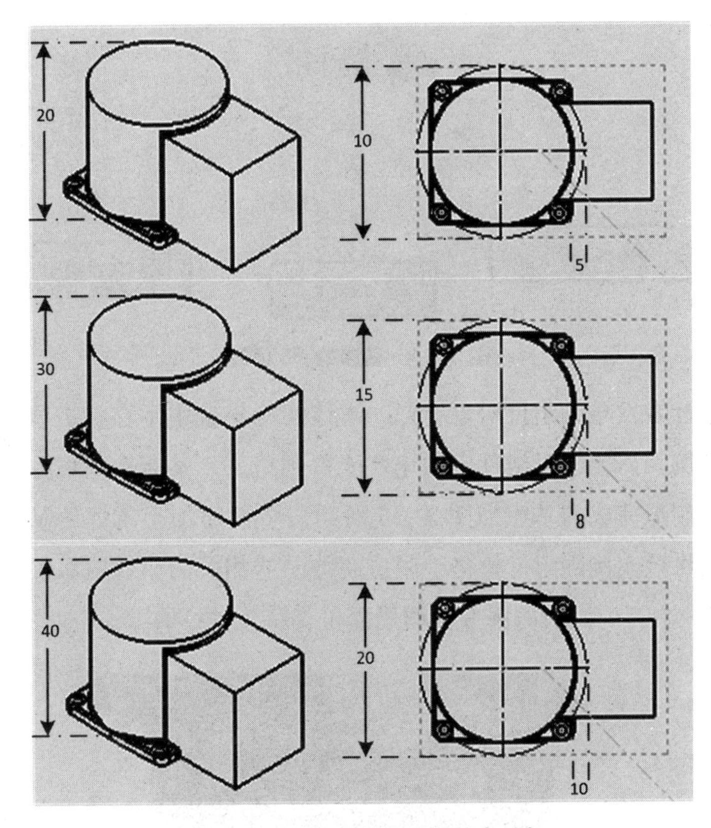

图 3-12　对象实例化后的基座对象

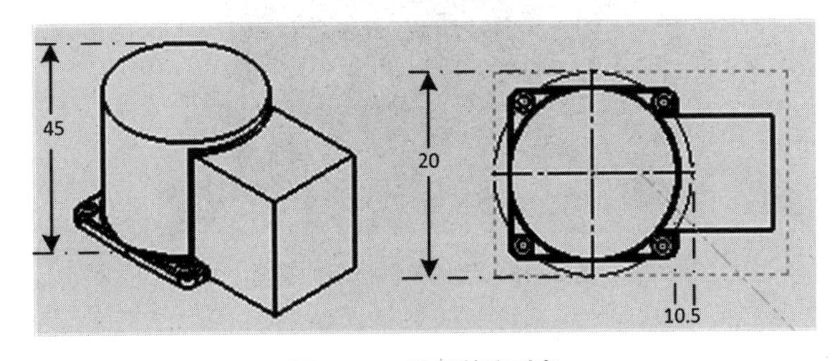

图 3-13　扩展基座对象

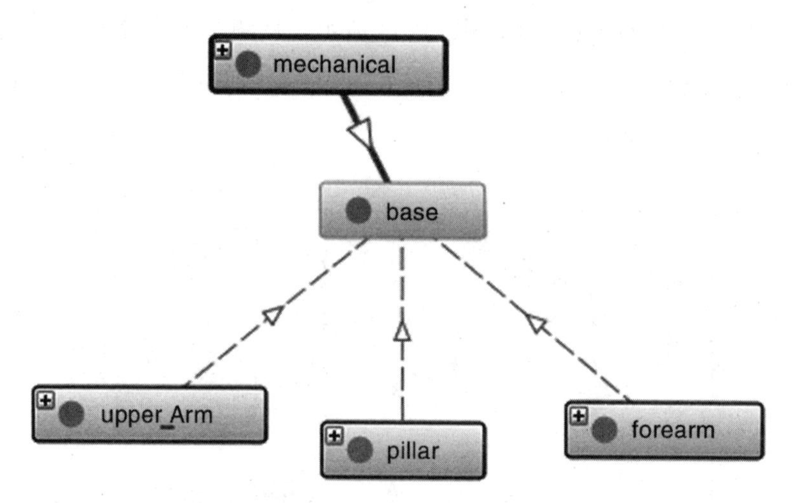

图 3-14　基座的 R^{C_i} 值域

与设计者发布的组件对象类似，本体实例集合中不存在扩展后的基座对象的实例，需要经过组件实例化才能得到组件。某制造商根据扩展后的基座对象制造完成的基座如图 3-15 所示。将其添加至本体的基座实例集中，平台将该实例的组件价格、制造商等制造相关的属性值添加至服务件的 Ma 值域中，为以后的服务件调用提供支持。

图 3-15　组件实例化后的基座

3.6　本章小结

本章首先研究了组件化的理论与方法，包括事物的形式化描述、本体表示、组件化与服务化描述。以此为基础，建立了产品零部件的组件化描述模型，并将模型统一为服务件。服务件包括本体面、对象面、商业面，通过对象实例化与组件实例化为用户提供设计支持。其次对服务件的形成过程、扩展方法进行介绍。最后以工业机器人为例进行了组件的建模，利用 Protégé 建立了工业机器人领域本体，举例说明了工业机器人的服务件描述方法、实例化过程及扩展方法。

第 4 章　用户自定制配置设计模板构建

要实现用户自定制配置设计，仅有预定义的服务件库是不够的。服务件库中存储的是服务件的专业技术参数，而自定制配置设计属于系统级的设计活动，设计者不可能了解底层服务件之间的各种约束。因此，本章设计了产品的自定制配置设计模板（以下简称自配置模板），作为连接服务件与用户之间的桥梁，指导用户的自定制配置设计活动。本章以工业机器人为例介绍模板的创建与分析过程。

4.1　产品自配置模板构成

由定义 2.8 可知，自配置模板是服务件在一定约束下组成的产品抽象模型，可用下式表示：

$$T = \left\{ \sum_{i=1}^{n} S_i \,,\ \sum_{j=1}^{m} \mathrm{Con}_j \,,\ \sum_{x=1}^{o} C_x \,,\ \sum_{y=1}^{q} \mathrm{Ipar}_y \right\} \tag{4-1}$$

式中，

$\sum_{i=1}^{n} S_i$ —— 组成模板的服务件的集合，n 为服务件的数量。

$\sum_{j=1}^{m} \mathrm{Con}_j$ —— 连接服务件的关系集合，m 为关联关系的数量。

$\sum_{x=1}^{o} C_x$ —— 定义 2.5 中约束条件的集合，o 为约束条件的数量。

$\sum_{y=1}^{q} \mathrm{Ipar}_y$ —— 模板参数接口的集合，q 为参数接口的数量，参数接口定义了模板的输入输出参数类型及模板与其他模型连接的接口类型。

每个构成要素的具体内容如下。

（1）模板的结构树视图。由第2章产品构成特点可知，自配置模板可通过服务件的层层分解组成产品结构树，如图4-1所示。S_p 表示由服务件组成的产品模型，结构树更清晰地展示了产品自配置模板的组成，最底层不可再分解的所有服务件的集合即为 $\sum_{i=1}^{n} S_i$。

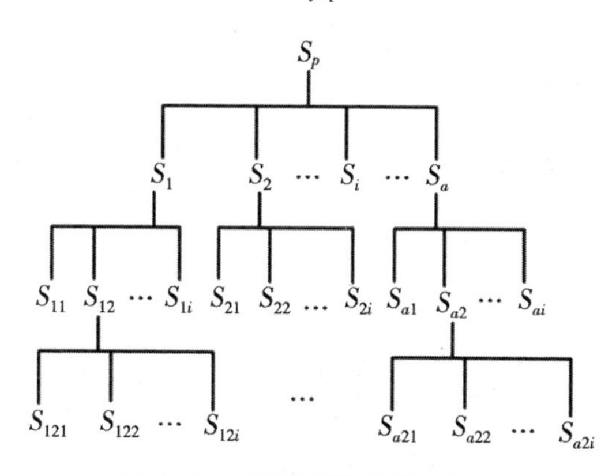

图4-1　自配置模板分解结构树

（2）模板的外部视图。自配置模板可通过连接关系将服务件连接成与实际产品类似的模板外部视图，模板外部视图与实际产品的外观类似，不同的产品类型具有不同类型的外部视图，该视图能够很快被用户理解并使用。

（3）模板的内部约束集合。自配置模板中的服务件在实例化过程中需要遵守一定的约束条件。例如，两个齿轮咬合时要求的传动比决定了两个齿轮齿数的选择；传感器与控制器连接时，不仅接口要一致，通信标准也必须一致。模板存储的约束集合保证了最终配置结果的可行性。

（4）模板的外部参数接口集合。自配置模板的参数接口主要与两个部分发生交互。一是用户，用户通过参数接口输入模板需要的参数，然后获得模板输出的计算结果参数；二是技术模型，即对模板提供参数计算及仿真分析的模型，一般通过Matlab、Pro/E等仿真软件建立。模板先将仿真分析需要的参数通过参数接口传递给技术模型，技术模型分析完成后再将分析结果通过参数接口反馈给模板。外部参数接口的交互过程如图 4-2 所示。

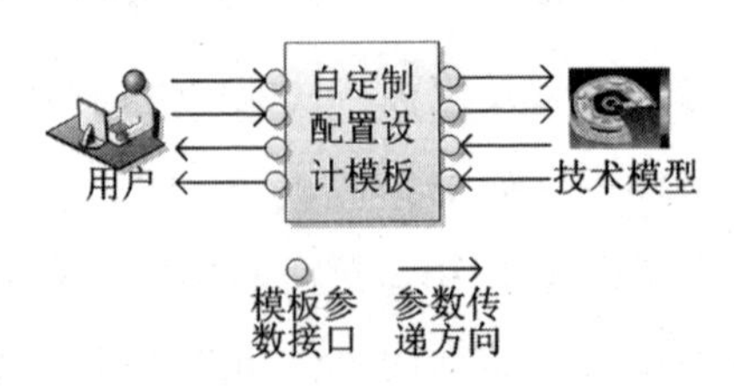

图 4-2 外部参数接口的交互过程

自配置模板通过上述两个视图与两个集合，为用户进行自定制配置设计提供支持，四者的相互关系及作用如图 4-3 所示。模板的内部约束集合对外部视图及结构树视图中的服务件进行约束，用户通过外部视图输入需求参数并获得最终的产品性能参数，通过结构树视图获取最终产品的组件 BOM 清单。

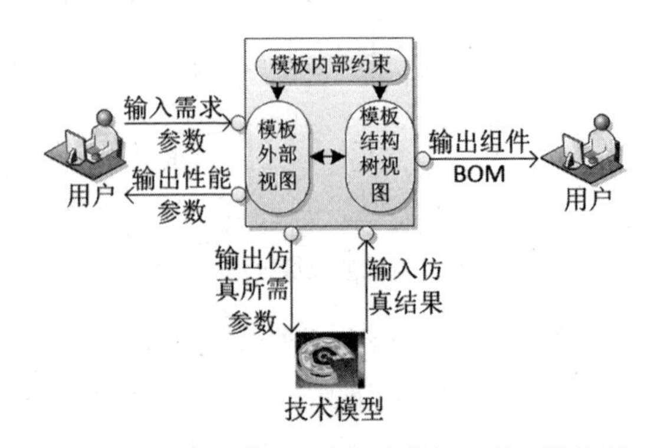

图 4-3 自配置模板构成要素的相互关系及作用

4.2 节 ~4.4 节从上述 4 个方面建立工业机器人的自配置模板。

4.2 工业机器人组成结构

常见的工业机器人如图 4-4（a）所示。基座与立柱之间组成腰关节，立柱与大臂之间组成肩关节，大臂与小臂之间组成肘关节，小臂与末端执行器之间由腕关节连接，P 点为手腕参考点。在驱动系统的驱动下，腰关

节绕 Z 轴旋转，肩关节和肘关节绕 Y 轴旋转。腰关节、肩关节、肘关节组成了工业机器人的 3 个位置自由度，腕关节具有的自由度为姿势自由度，根据任务需要可以有 0 个或多个姿势自由度。自由度越多，工业机器人的运动越灵活，但同时对运动的控制也更加复杂，因此自由度并不是越多越好的，一般 3～6 个自由度就能够满足大部分使用要求。通过位姿变换，工业机器人可以在空间移动并完成不同的任务，在移动过程中手腕中心点能到达的点集合构成了工业机器人的工作空间，工作空间与工业机器人的各关节能达到的角度范围密切相关。以 ABB 机器人 IRB120 为例，ABB 公司公布其能达到的工作空间如图 4-4（b）所示。

KUKA 点焊机器人 KR180-2

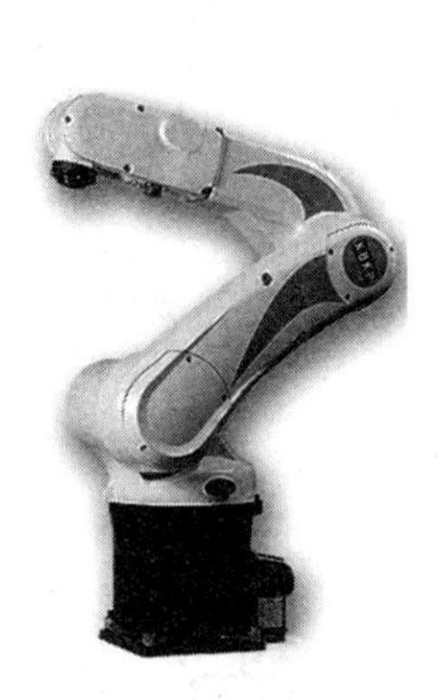

KUKA 小型机器人 KR5

ABB 机器人 IRB120

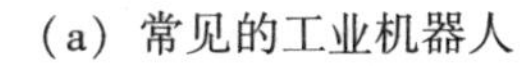

（a）常见的工业机器人

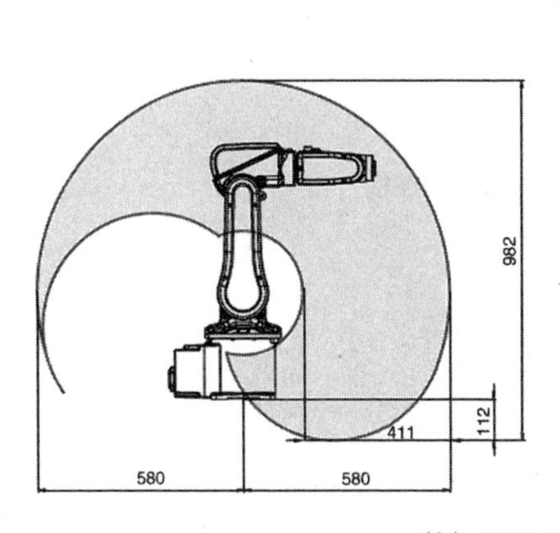

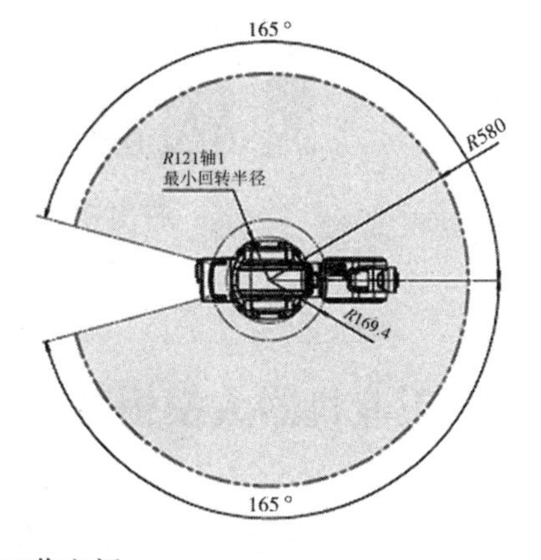

（b）IRB120 工作空间

图 4-4　常见的工业机器人及 IRB120 工作空间

常见工业机器人的结构，可分为机械系统、控制系统、驱动系统、传感系统，如图 4–5 所示，深色框中的内容表示上一层内容的不同类别，浅色框中的内容表示上一层内容的组成部分。其中，机械系统包括基座、立柱、大臂、小臂及末端执行器等。根据任务不同，末端执行器也不同，常见的有吸盘、夹持手指、喷枪、焊枪等。驱动系统包括动力系统和传动系统，动力系统包括驱动器、电机，传动系统包括链条、齿轮、涡轮、皮带等。控制系统不属于本书研究的配置设计中的内容，因此在这里不做研究。传感系统包括光敏、力敏、红外、超声波等，可以根据需要为机器人选择传感器，使其具有一定的感知功能。

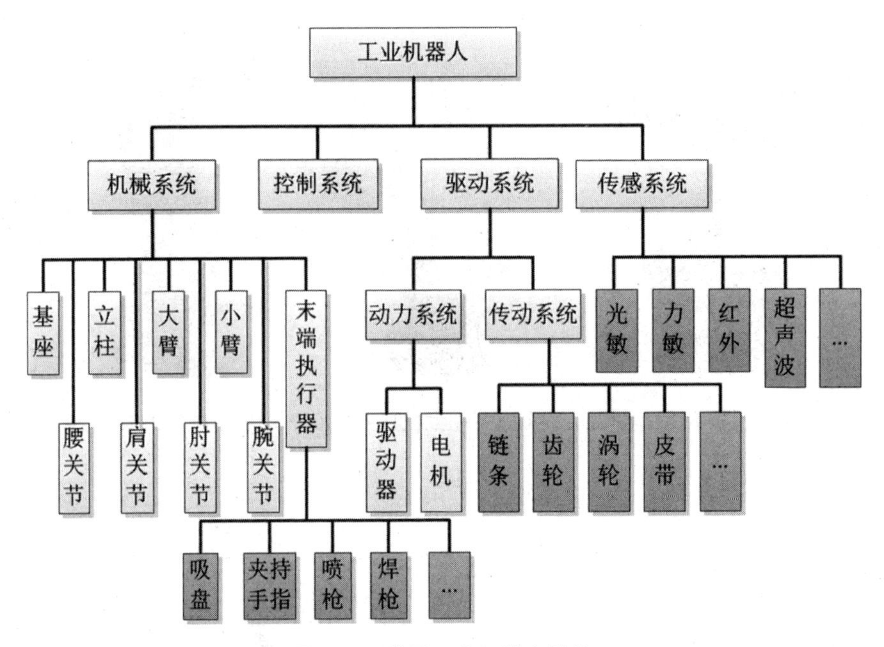

图 4–5　常见工业机器人结构

4.3　工业机器人模板外部视图

工业机器人模板的外部视图需要为用户提供简明易懂的视图，因此要能够直接体现工业机器人的结构。有学者采用如图 4–6 所示形式来进行工业机器人的表示，该形式虽然直观，但是表示方法过于复杂。在自定制配置设计过程中，用户只对机器人的整体结构及运动副的运动方式等进行配置，并不设计组件内部的具体结构。因此，本书采用去除组件具体结构的机械简图建立机器人的外部视图，为用户的自定制配置设计提供指导。

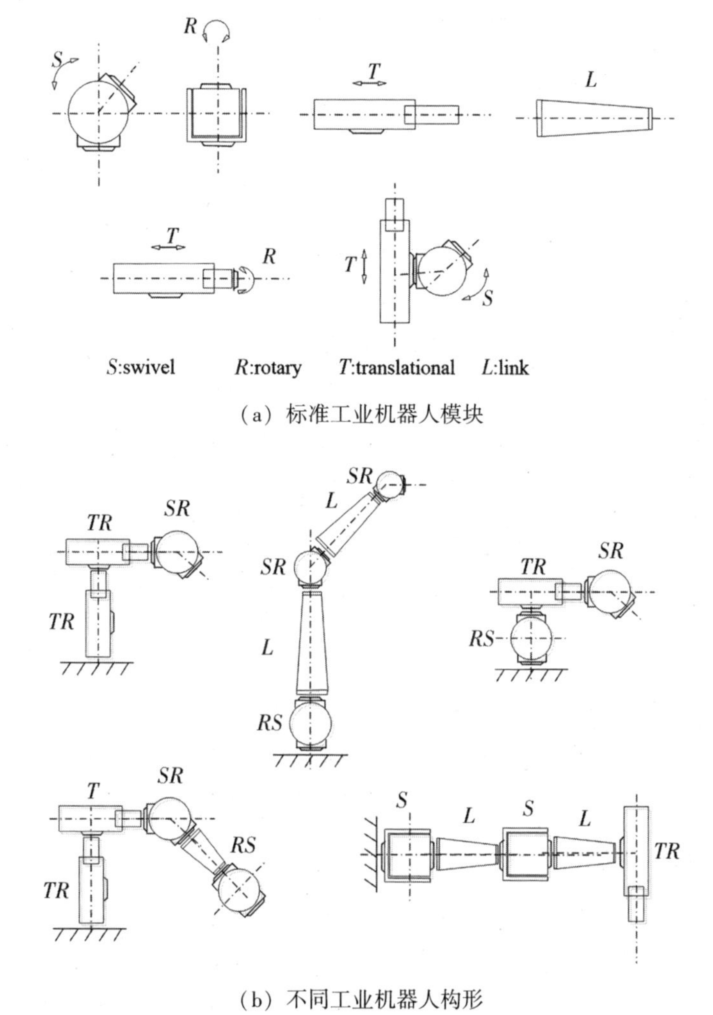

（a）标准工业机器人模块

（b）不同工业机器人构形

图 4-6　工业机器人表达[77]

从机械角度来看，工业机器人是一个由杆件通过运动副连接而成的开链结构。每个运动副连接的两个组件间的相对运动通过驱动系统实现。模板外部视图用到的机械简图符号如表 4-1 和表 4-2 所示。表 4-1 中的符号取自 ISO 3952-1:1981、ISO 3952-2:1981、ISO 3952-3:1979，表 4-2 中的符号为 ISO 标准中没有而本书需要用到的符号。

表 4-1　自配置模板符号（a）

机器人组成部分	ISO标准符号	机器人组成部分	ISO标准符号	机器人组成部分	ISO标准符号
空间转运副		平面转动副		移动副	
螺旋副		轴、杆		机架（固定的杆件）	
联轴器		皮带传动/链传动	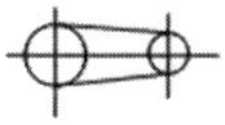	齿轮传动	
原动机（通用）		电动机		轴承	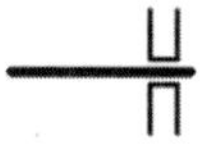

表 4-2　自配置模板符号（b）

机器人组成部分	符号	机器人组成部分	符号	机器人组成部分	符号
末端执行器		驱动器		传感器	

利用机械简图建立的工业机器人自配置模板的外部视图如图 4-7 所示，包含了构建一个工业机器人需要的最基本要素。机器人的每个关节都含一个原动机、减速器及与原动机相对应的驱动器。驱动器一般安装在机器人的外部，通过控制线与关节内的电机相连。虚线框内代表待定元素，待用户确定后变为确定元素，虚线变为实线。例如，待定传动方式可以是皮带传动、齿轮传动、链条传动等。待定自由度为腕关节的自由度，可根据需要确定自由度的数目与运动副类型。也可以根据需要在机器人任何部位安装传感器。$L_1 \sim L_4$ 分别为基座、立柱、大臂、小臂 4 个杆件的长度。$O_0-X_0-Y_0-Z_0$ 为绝对坐标系，是以地球为参照系的固定坐标系，与机器人的位姿运动无关。$O_1-X_1-Y_1-Z_1$ 为基座坐标系，是以机

器人基座安装平面为参照系的坐标系，一般默认为与绝对坐标系相同。$O_t - X_t - Y_t - Z_t$ 为工具坐标系，是以末端执行器为参照系的坐标系，可以为末端执行器相对于机器人主体的运动提供参考坐标，确定末端执行器的姿态。除图中所标 3 种坐标外，每个关节还有关节坐标系，待加工的工件处有工件坐标系。关节坐标系为每个关节的独立运动确定坐标，工件坐标系为机器人寻找工件提供准确的定位点。$\theta_1 \sim \theta_3$ 为 3 个位置自由度的转角，3 个转角都采用基座坐标系，逆时针为正方向。

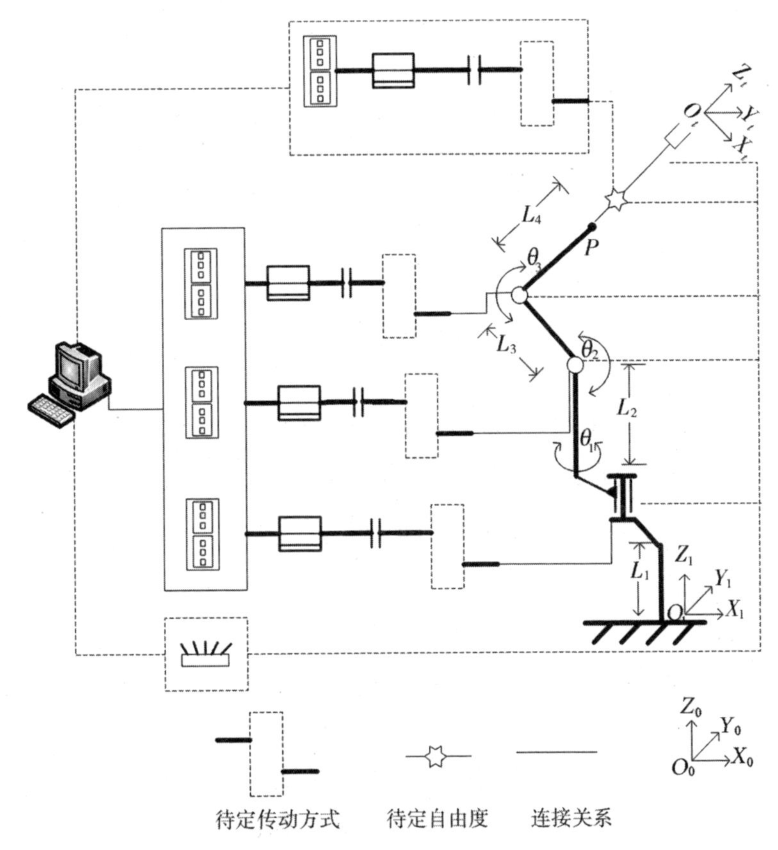

图 4-7　工业机器人自配置模板的外部视图

4.4 工业机器人模板内部参数约束

服务件在赋值过程中需要遵循一定的内部约束，包括：

$$T_i \times \omega_i < T_{KPi}.P \tag{4-2}$$

$$T_{KPi}.N: N_{负载} = i \tag{4-3}$$

$$T_{Tri}.i_{min} \leqslant i \leqslant T_{Tri}.i_{max} \tag{4-4}$$

$$T_{KPi}.T_{额} \times i \leqslant T_{Tri}.T_{额} \tag{4-5}$$

$$5 \leqslant (J_{负载}/i^2)/T_{KPi}.J \leqslant 20 (\text{非固定值，根据用户需求调整}) \tag{4-6}$$

$$L_a \leqslant L_3 + L_4 \tag{4-7}$$

如果 S_i 与 S_j 具有连接关系，则

$$\exists S_i.\mathrm{Int}_x = S_j.\mathrm{Int}_y \tag{4-8}$$

式中，

T_i—— 第 i 个自由度的最大扭矩（N·m）。

ω_i—— 第 i 个自由度的角速度（rad/s）。

$T_{KPi}.P$—— 第 i 个自由度的原动机功率（kW）。

$T_{KPi}.N$—— 第 i 个自由度的原动机转速（n/min）。

$N_{负载}$—— 负载转速（n/min）。

i—— 减速比。

$T_{Tri}.i_{min}$—— 第 i 个自由度的传动装置最小减速比。

$T_{Tri}.i_{max}$—— 第 i 个自由度的传动装置最大减速比。

$T_{KPi}.T_{额}$—— 第 i 个自由度的原动机额定扭矩（N·m）。

$T_{Tri}.T_{额}$—— 第 i 个自由度的传动装置额定扭矩（N·m）。

$J_{负载}$—— 负载惯量（kg·m^2）。

$T_{KPi}.J$—— 第 i 个自由度的原动机惯量（kg·m^2）。

式（4-8）表示具有连接关系的两个服务件之间至少有一个物理接口相匹配。

上述约束条件所涉及的参数，大部分都可在实例化服务件后直接确定，但关节转动的扭矩即 T_i 需要根据用户的速度和加速度等要求通过分析计算得出，即需要通过对外部视图进行运动学与动力学分析才能确定。常用的运动学与动力学分析软件有 Simscape、Adams、Pro/MECHANICA 等。本书采用 Simscape 进行工业机器人的运动学与动力学分析。

Simscape 是 The MathWorks 公司推出的多领域物理系统的建模仿真平台，可以对机械、电气等多种物理领域利用所提供的物理块进行建模，快速直观地得到需要的结果，而不需要人工建立复杂的微积分方程。在对外部视图建立相应的 Simscape 模型时用到的 Simscape 建模元素如表 4-3 所示。

表 4-3　Simscape 建模元素

图形	意义
CS1 CS2 Body	代表模板外部视图中的基座、大臂等杆件，模型运行时将其作为刚体
Disgssembled Revolute	代表转动副，通过转动轴参数的设置，可以使其连接的两个刚体绕特定轴做相对转动
Joint Actuator	对关节施加作用的元素，可对关节施加力、角速度、转矩等
Joint Sensor	对关节进行测量的元素，可测量关节所受转矩、关节运动的角速度等
Body Actuator	对刚体施加作用的元素，可对刚体施加力、力矩等
Body Sensor	对刚体进行测量的元素，可测量刚体所受的力、速度等
Ground	绝对坐标系中静止的点，所建模型必须有一个刚体与 Ground 相连，表示将所建模型系统固定在一个惯性系统中

在 Simscape 中对图 4-7 所示的外部视图建立分析模型，如图 4-8 所示。$\theta_1 \sim \theta_3$ 分别代表腰关节、肩关节、肘关节。在外部视图没有向模型输入任何参数时，每个关节处 Joint Actuator 的输入值为空，模型没有运行，Joint Sensor 的输出值也为空。模型只对前 3 个位置自由度及刚体构成部分

建模，因为在配置完成前，外部视图中并没有具体的组件尺寸，所以不对腕关节及末端执行器的姿态进行建模。

根据外部视图输入的服务件参数，Simscape 可以进行运动学及动力学的分析。Simscape 将工作空间、运动速度等运动学参数以图形的形式输出，为用户提供更直观的结果。

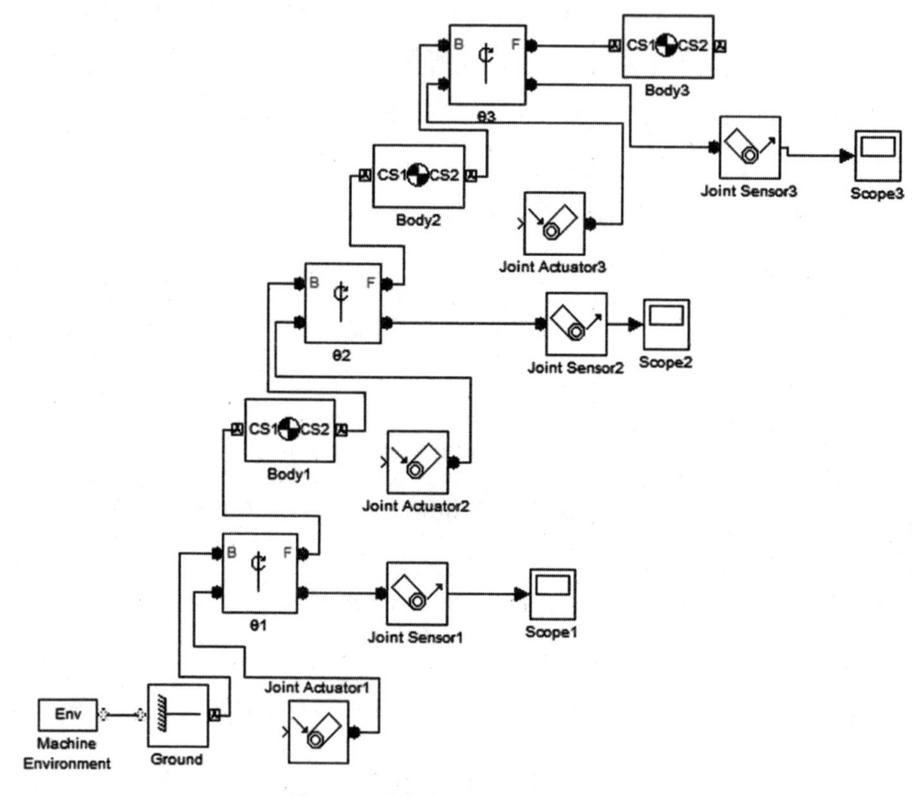

图 4-8　外部视图 Simscape 模型

进行动力学仿真前需要计算模型中各刚体绕关节轴转动的转动惯量。但在机械手所有服务件参数最终确定前，不能确定实际所用的组件，因此转动惯量并不能精确计算。在工业机器人的实际设计过程中，各刚体的转动惯量一般根据经验估算。图 4-8 中对刚体转动惯量的估算基于以下假设：

①模型中的所有刚体都是质量连续分布均匀的圆柱刚体；

②原动机和传动装置安装在杆件中心并与刚体同轴；

③原动机和传动装置都是质量连续分布均匀的质量块；

④原动机和传动装置安装后与刚体视为一个紧密连接的整体；

⑤驱动过程中的能量转化效率为 100%。

在上述假设基础上，设刚体 L 的长度为 l（m），重量为 W_L（kg），刚体内部需要的原动机、传动装置的质量分别为 W_D（kg）、W_T（kg）。那么 Simscape 模型中存储的刚体转动惯量的计算公式如下：

$$W = W_L + W_D + W_T \tag{4-9}$$

绕 Y 轴旋转的刚体转动惯量 J_y（$kg \cdot m^2$）：

$$J_y = 1/3Wl^2 \tag{4-10}$$

绕 Z 轴旋转的刚体转动惯量 J_z（$kg \cdot m^2$）：

$$J_z = 1/2Wl^2 \tag{4-11}$$

式（4-9）中，W_D、W_T的值通过查询重量估算表得到。重量估算表是专家根据经验存储到 Simscape 模型中与负载范围相对应的驱动系统（包括原动机和传动装置）、杆件重量范围的记录表，如表 4-4 所示。Simscape 模型是根据重量估算表中的值来估算刚体转动惯量的，因此该表的准确程度直接决定了 Simscape 模型对工业机器人参数估算的准确程度。该表最初由领域内的专家根据经验给出，在实际使用过程中不断修正，从而提高表中数值的准确程度。

表 4-4　重量估算表

负载范围（kg）	位置自由度驱动系统重量范围（kg）	姿势自由度驱动系统重量范围（kg）	杆件重量范围（kg）
0~10	20~35	15~17	5~15
10~20	30~46	20~35	10~35
…	…	…	…

转动惯量确定后，Simscape 模型可对每个关节所需的扭矩进行计算，计算公式如式（4-12）所示。T 为某个关节转动时的扭矩（N · m），J 为该关节带动的运动刚体绕该关节轴的转动惯量（$kg \cdot m^2$），ω 为该关节运动的角加速度（rad/s^2）。

$$T = J \times \omega \tag{4-12}$$

模板的内部约束是工业机器人组件间必须满足的最基本约束，它保证了最终配置结果的可行性，用户对工业机器人所设置的其他约束条件都必须首先能够满足这些基本的内部约束条件。

4.5 工业机器人外部参数接口

4.5.1 输入/输出参数接口

根据图 4-7 的虚线框内容可以得出，作为一个整体，外部视图需要用户输入的参数如下：

$$P_s = \{N_{\mathrm{DOF}},\ T_{\mathrm{KP}},\ T_{\mathrm{DS}},\ T_{\mathrm{Tr}},\ T_{\mathrm{Se}},\ T_{\mathrm{EE}},\ W_{\mathrm{EE}},\ L_a\} \tag{4-13}$$

式中，

N_{DOF} —— 自由度数目。

$T_{\mathrm{KP}} = \{T_{\mathrm{KP1}},\ T_{\mathrm{KP2}},\ \cdots,\ T_{\mathrm{KP}n}\}$，$T_{\mathrm{KP}i}$ 为外部视图中第 i 个自由度的运动副类型，n 为外部视图中自由度的数目。

$T_{\mathrm{DS}} = \{T_{\mathrm{DS1}},\ T_{\mathrm{DS2}},\ \cdots,\ T_{\mathrm{DS}n}\}$，$T_{\mathrm{DS}i}$ 代表为 $T_{\mathrm{KP}i}$ 提供动力的原动件类型，除特殊情况外，一般为电机。

$T_{\mathrm{Tr}} = \{T_{\mathrm{Tr1}},\ T_{\mathrm{Tr2}},\ \cdots,\ T_{\mathrm{Tr}n}\}$，$T_{\mathrm{Tr}i}$ 代表 $T_{\mathrm{KP}i}$ 所采用的传动方式，除特殊情况外，一般为齿轮减速器。

$T_{\mathrm{Se}} = \{T_{\mathrm{Se1}},\ T_{\mathrm{Se2}},\ \cdots,\ T_{\mathrm{Se}m}\}$，$T_{\mathrm{Se}i}$ 为外部视图中第 i 个传感器的类型，m 为用到传感器的数目。

T_{EE} —— 末端执行器类型，此参数根据最终的任务确定。

W_{EE} —— 需要在末端执行器上施加的最大重量。

L_a—— 最小臂长，它决定了工业机器人的工作空间。

P_s—— 外部视图中需确定的静态参数。

除此之外，外部视图还需要输入一些动态参数才能进行配置工作，需

要的动态参数 P_d 如下：

$$P_d = \{\omega_p, A_p, \omega_{EE}, A_{EE}\} \tag{4-14}$$

式中，

ω_p —— P 点到达指定位置的速度。

A_p —— P 点的加速度。

ω_{EE} —— 末端执行器到达指定姿态的速度。

A_{EE} —— 末端执行器的加速度。

将外部视图的参数确定后，外部视图便成为一个由服务件组成的工业机器人模板，通过对该模板中的服务件赋值，最终成为由服务件对象组成的具体产品。

外部视图向用户输出的参数主要为用户配置最终产品的性能参数，包括通过有限元分析得到的工作空间、振动响应、应力和应变范围、运动速度等，通过 Simscape 模型分析得到的工作空间、运动速度等，以及通过产品结构树得到的最终产品组件列表。

4.5.2 技术模型交互参数接口

外部视图与技术模型的交互首先是 4.4 节中与 Simscape 模型的交互，外部视图向 Simscape 模型输入每个刚体的长度 l、重量 W、关节角加速度ω 等，然后 Simscape 模型将计算完成的 T_i 值输入外部视图中为其提供参数约束。同时，Simscape 模型还可将产品的工作空间、运动速度等参数输入外部视图供用户查看。

除此之外，由于外部视图需要向用户输出最终产品的性能参数，因此外部视图还需要与产品性能仿真模型进行交互，将仿真结果反馈给外部视图。与产品性能仿真模型的交互是在用户输入参数全部确定并实例化为具体的产品后才进行的，目的是将配置完成后的产品相关参数提取出来进行配置结果的性能分析，从而为改进配置提供依据，属于配置完成后对配置模板的分析。

对工业机器人进行的性能分析一般是有限元分析。有限元分析（Finite

Element Analysis，FEA）是将要分析的物理结构分解成有限个相互作用的单元，对每个单元设定一个近似的数学解，以此为基础求出整个机械结构的解，从而实现对真实机械结构在不同载荷、工况、约束等条件下的模拟。有限元分析一般包括静力学分析和模态分析。静力学主要分析机械结构在受力情况下保持平衡（包括静止和匀速直线运动）的条件，该条件一般指机械结构在平衡状态下的应力和应变。通过对机械结构应力和应变的分析，对机械结构施加载荷进行静力学分析，当机械结构的应变过大时，可以在控制时提供适当的插补值，或改进机械结构以提高结构强度，从而提高机器人的运动精度。模态是结构动力学中的基础概念，是指机械结构的固有振动特性（特性包括频率和振型）。机械结构具有不同的模态，每个模态都有对应的频率和振型。通过分析计算得到机械结构的模态过程为模态分析。通过模态分析，可以明确机械结构的各阶模态具有的固有频率和振型，从而知道机械结构在某频率的振源作用下产生的实际振动响应。工业机器人的有限元分析一般针对的是其主体结构件，即基座、立柱、大臂和小臂。

常用的有限元分析软件有 ANSYS、Pro/MECHANICA、ABAQUS 等，本书选择 ANSYS 建立工业机器人产品的技术模型，通过将产品参数传递给技术模型完成产品的有限元分析。根据有限元分析的需求，外部视图模板需要向 ANSYS 技术模型输入的参数如下：

$$P_f = \{M_{3d},\ M_{ate},\ C_{ons},\ L_o\} \tag{4-15}$$

式中，

$M_{3d} = \{M_{3d}^1,\ M_{3d}^2,\ \cdots,\ M_{3d}^n\}$，$M_{3d}^i$ 为外部视图中第 i 个主体结构件的三维模型，n 为外部视图中主体结构件的数目。

$M_{ate} = \{M_{ate}^1,\ M_{ate}^2,\ \cdots,\ M_{ate}^n\}$，$M_{ate}^i$ 为外部视图中第 i 个主体结构件的材料性质，包括弹性模量、泊松比、密度等。

$C_{ons} = \{C_{ons}^1,\ C_{ons}^2,\ \cdots,\ C_{ons}^m\}$，$C_{ons}^i$ 为外部视图中第 i 个主体结构件的外部约束条件，m 为外部约束条件的数目。

$L_o = \{L_o^1,\ L_o^2,\ \cdots,\ L_o^3\}$，$L_o^i$ 为施加到外部视图中第 i 个主体结构件的载荷。

当外部视图中的服务件实例化为组件对象后，M_{3d}、M_{ate}、C_{ons} 可从组件参数中直接提取，但是 L_o 即每个主体结构件的载荷需要通过计算获取，计算时选取工业机器人受力最大的位姿作为分析工况。当工业机器人的手臂处于一条直线上且向外舒展时，由于重力力臂达到最大值，因此各臂处于受力最大状态，位姿如图 4-9（a）所示，其中主体结构件的载荷计算公式如式（4-16）～式（4-18）所示[175]。

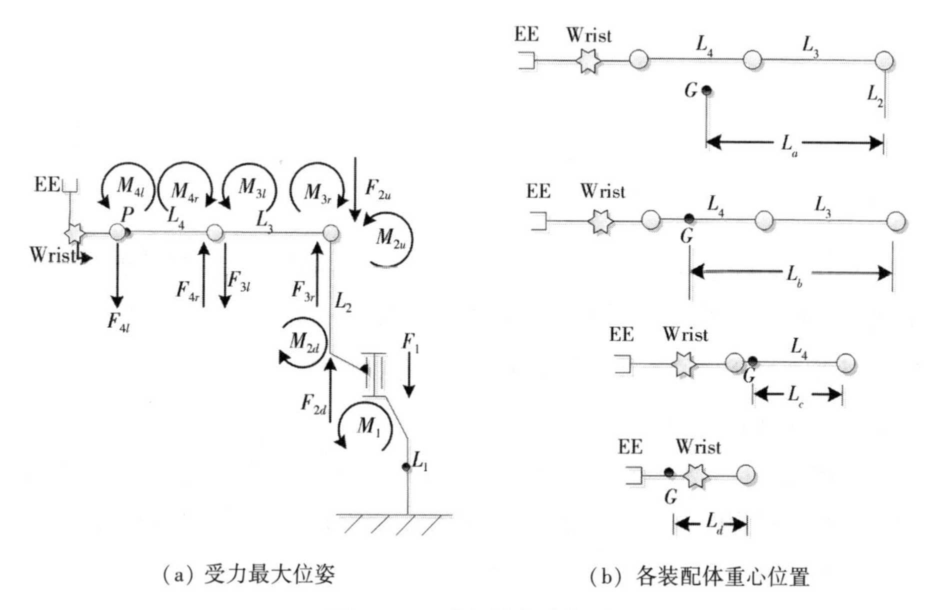

（a）受力最大位姿　　（b）各装配体重心位置

图 4-9　工业机器人受力图

基座 L_1 载荷计算公式：

$$\begin{cases} F_1 = G_{EE} + G_{Wrist} + G_{L_4} + G_{L_3} + G_{L_2} \\ M_1 = F_1 \times L_a \end{cases} \tag{4-16}$$

大臂 L_3 载荷计算公式：

$$\begin{cases} F_{3l} = G_{EE} + G_{Wrist} + G_{L_4} \\ F_{3r} = F_{3l} + G_{L_3} \\ M_{3l} = F_{3l} \times L_c \\ M_{3r} = M_{3l} + F_{3l} \times L_3 + G_{L_3} \times L_{G_3} \end{cases} \tag{4-17}$$

小臂 L_4 载荷计算公式：

$$\begin{cases} F_{4l} = G_{\text{EE}} + G_{\text{Wrist}} \\ F_{4r} = F_{4l} + G_{L_4} \\ M_{4l} = F_{4l} \times L_d \\ M_{4r} = M_{4l} + F_{4l} \times L_4 + G_{L_4} \times L_{G_4} \end{cases} \tag{4-18}$$

本书设计的工业机器人外部视图中，除了上述 3 个基本结构，还包括立柱 L_2。其载荷计算公式如下所示：

$$\begin{cases} F_{2u} = G_{\text{EE}} + G_{\text{Wrist}} + G_{L_4} + G_{L_3} \\ F_{2d} = F_{2u} + G_{L_2} \\ M_{2u} = F_{2u} \times L_b \\ M_{2d} = M_{2u} \end{cases} \tag{4-19}$$

式（4-16）～式（4-19）中，F 为结构件两端所受的由与其连接的结构体重力所施加的力，M 为 F 对结构件所施加的力矩，G 为结构体的重力。需要注意的是，每个结构件的重量都包括杆件内部所含的驱动系统重量，通过式（4-9）计算得到。

有限元分析完成后，ANSYS 技术模型向外部视图输入的参数包括通过静力学分析得到的结构件应力和应变结果，以及通过模态分析得到的结构件前五阶固有频率及振型。

4.6 工业机器人自配置模板构建

工业机器人自配置模板通过对输入的参数进行一系列处理，最终输出满足需求的工业机器人组件列表及性能参数，最终构建的工业机器人自配置模板如图 4-10 所示。

根据任务的需要，用户需要向自配置模板输入手腕的自由度、每个自由度的运动副类型、工作负载、末端执行器的类型、最小臂长、速度等参数。Simscape 模型获取自配置模板中的负载重量、臂长、关节转角等参数，同时查询重量估算表，进行工作空间、关节扭矩等参数的计算并输出反馈给自配置模板。在 Simscape 计算结果与自配置模板自身约束下，可以从数据库中检索到满足约束的服务件对象组成配置结果，详细检索过程由第 5 章给出。当自配置模板中的所有组成部分都变为具体的服务件对象后，将相关服务件对象的三维模型、材料等参数与计算得出的载荷数据输入 ANSYS 中，利用 ANSYS 对配置结果进行静力学分析与模态分析，分析得到的应力和应变数据、振动频率数据等输出反馈给自配置模板。最终自配置模板将配置结果与 ANSYS 的分析结果一同输出给用户。

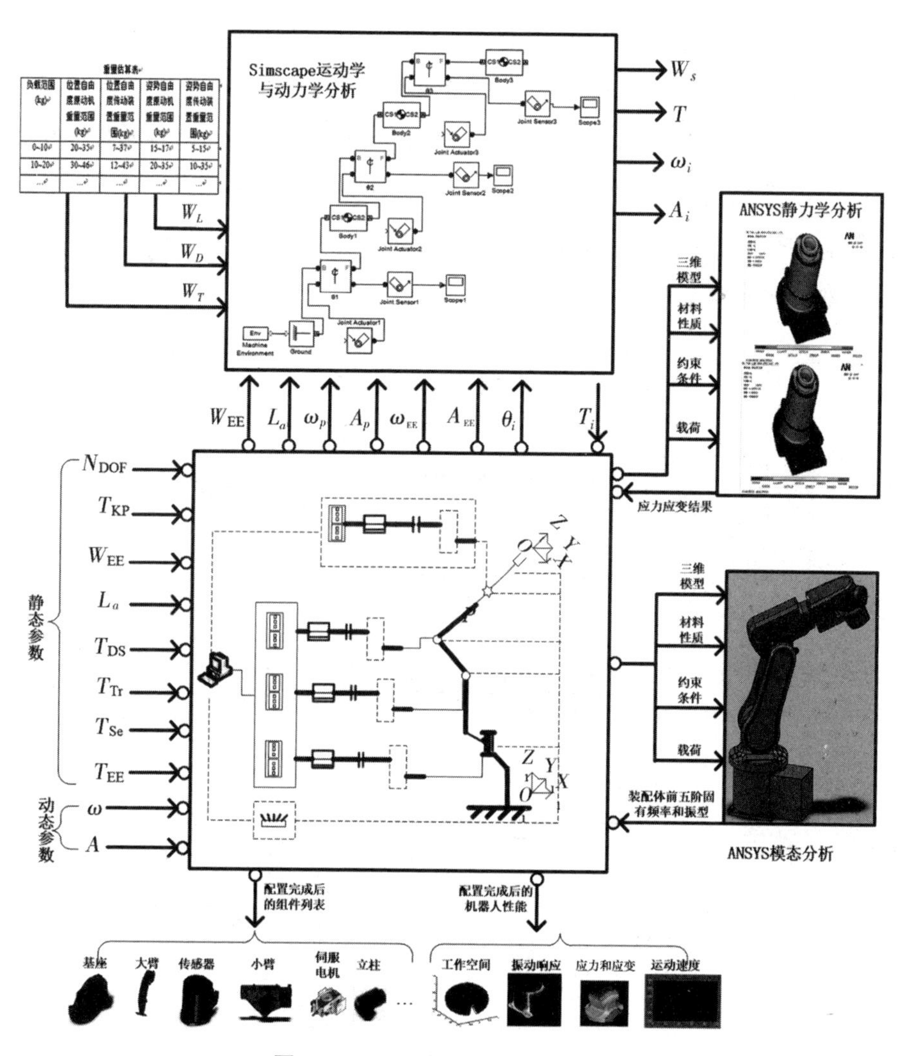

图 4-10　工业机器人自配置模板

4.7 案例：自配置模板

1. 自配置模板参数输入

首先向模板外部视图中输入参数值。输入 P_s、P_d 中每个参数的值如下。

$N_{DOF}=5$；$T_{KP}=\{$空间旋转，平面转动，平面转动，平面转动，空间旋转$\}$；$T_{DS}=\{$伺服电机，伺服电机，伺服电机，伺服电机，伺服电机$\}$；$T_{Tr}=\{$齿轮减速器，齿轮减速器，齿轮减速器，齿轮减速器，齿轮减速器$\}$；$T_{Se}=\{$压力传感器$\}$；$T_{EE}=$负压吸盘；$W_{EE}=6$ kg；L_i 选择数据库中记录的能够满足要求的最小长度，在本例中 $L_1\sim L_4=\{0.2$ m，0.3 m，0.4 m，0.4 m$\}$；$L_a=0.6$ m；$\omega_p=3$rad/s；$A_p=6$ rad/s^2。参数值确定后，模板外部视图如图 4-11 所示。

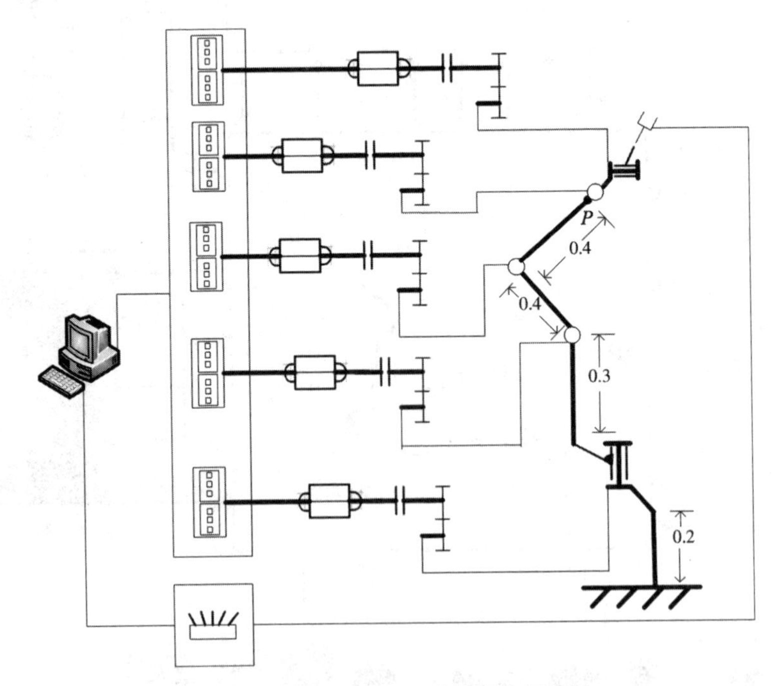

图 4-11　输入参数后的模板外部视图

2. Simscape 模型参数计算与输出

然后将模板外部视图中的参数赋值给 Simscape 模型。其中，Body Actuator 的值为 $W_{EE} \times a = 6\times10 = 60$ N，3 个位置自由度处 Joint Actuator 参数设置中的角速度为 $\omega = 3$ rad/s，角加速度为 $A = 6$ rad/s^2。通过查询重量估算表，利用式（4-10）～式（4-11），计算得出腰关节、肩关节、肘关节 3 个位置自由度处的转动惯量，依次为 0.6 kg · m^2、3.5 kg · m^2、2.4 kg · m^2。将计算结果作为输入参数输入 Simscape 模型中，得到该模板不同视图的工作空间 W_s 如图 4-12 所示，3 个位置自由度输出扭矩 T_i 如图 4-13 所示。将 L_i，T_i，ω_i，A_i 作为输出参数，代入式（4-2）～式（4-8）中，便得到了为服务件赋值时所需要遵守的约束条件。

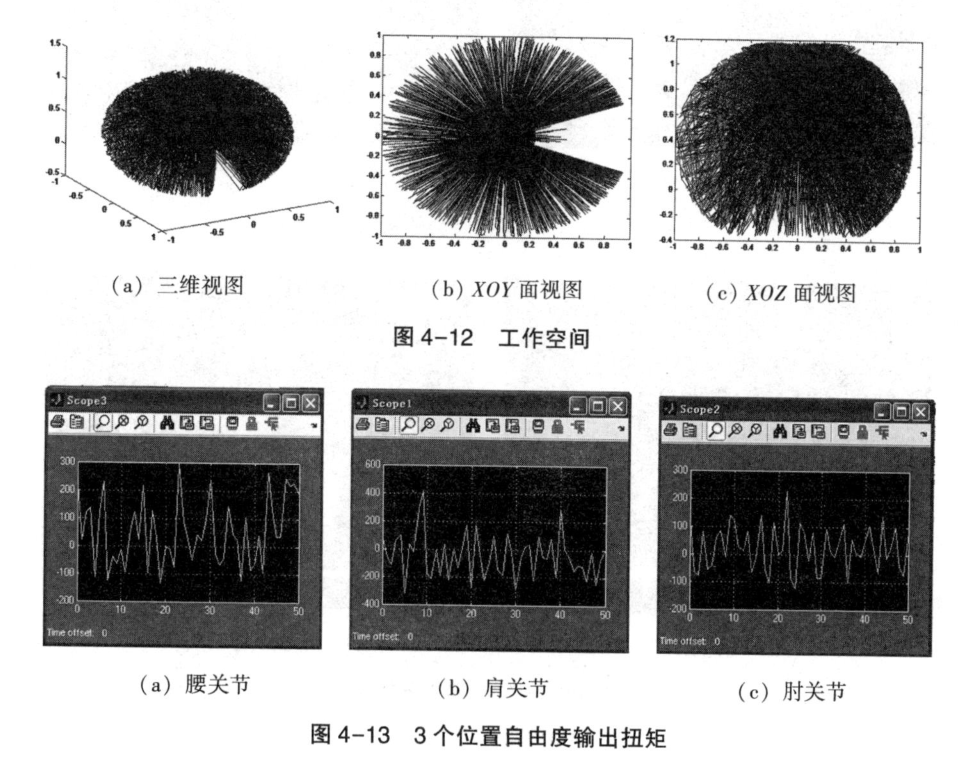

（a）三维视图　（b）*XOY* 面视图　（c）*XOZ* 面视图

图 4-12　工作空间

（a）腰关节　（b）肩关节　（c）肘关节

图 4-13　3 个位置自由度输出扭矩

3. 静力学分析与相关参数输入输出

根据式（4-16）～式（4-19）对 4 个主体结构件所受到的载荷进行计算，得出基座、立柱、大臂、小臂受力结果，分别为 $F_1 = 600$ N，$M_1 = 360$ N，

$F_{2u}=500$ N，$F_{2d}=700$ N，$M_{2u}=350$ N，$M_{2d}=350$ N，$F_{3l}=300$ N，$F_{3r}=500$ N，$M_{3l}=120$ N，$M_{3r}=280$ N，$F_{4l}=100$ N，$F_{4r}=300$ N，$M_{4l}=20$ N，$M_{4r}=100$ N。将计算所得的载荷、扭矩与自身重力数据输入 ANSYS 中，同时设置单元类型为 solid45，材料的弹性模量为 $2.2E^{11}$，泊松比为 0.3，密度为 7800，然后进行静力学分析得到 4 个主体结构件的应力云图与节点位移云图，分别如图 4-14～图 4-17 所示。将分析结果输入外部视图中供用户参考。

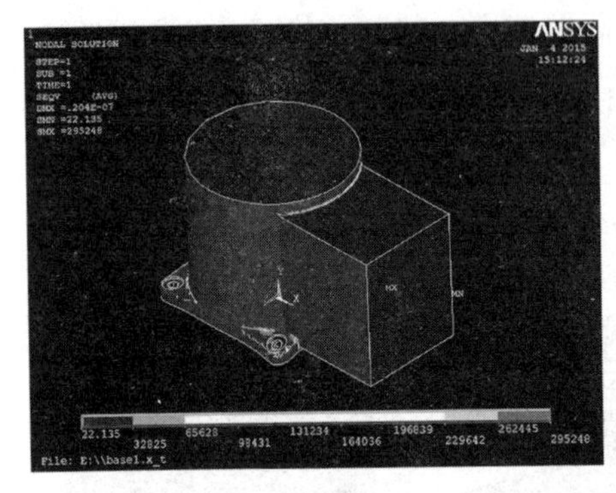

(a) 应力云图

(b) 节点位移云图

图 4-14　基座静力分析图

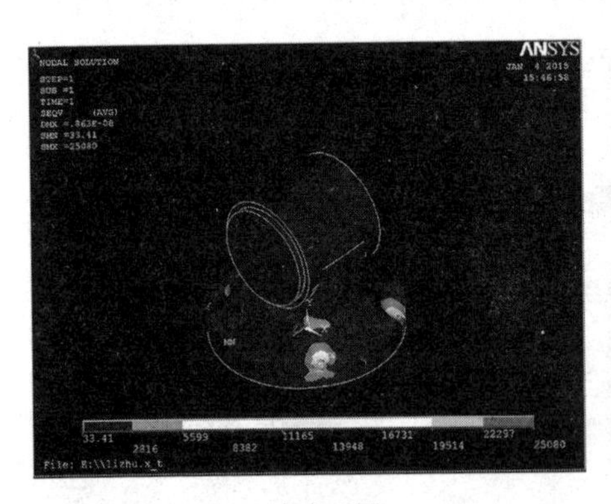

(a) 应力云图

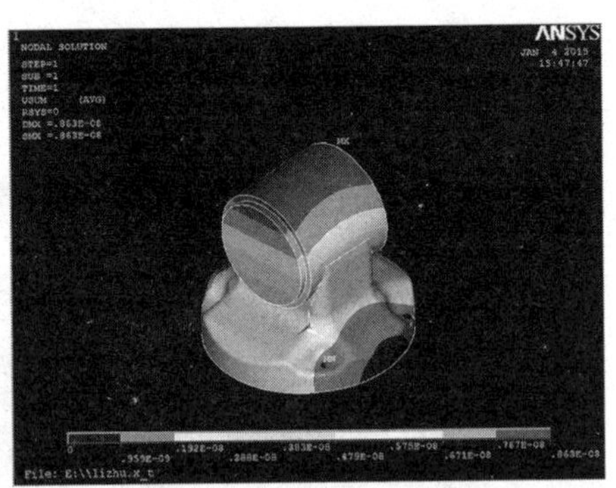

(b) 节点位移云图

图 4-15　立柱静力分析图

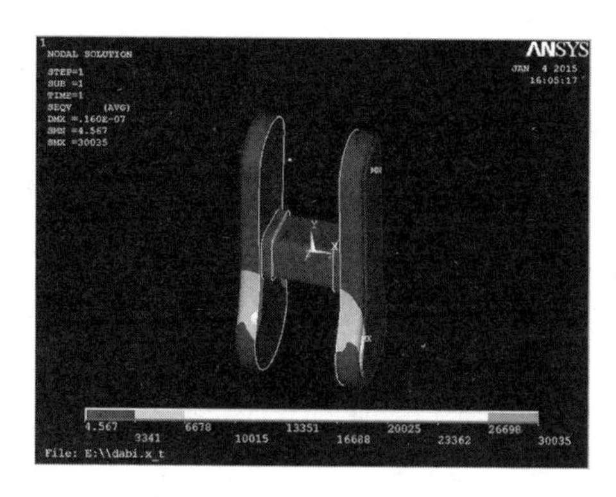

(a) 应力云图

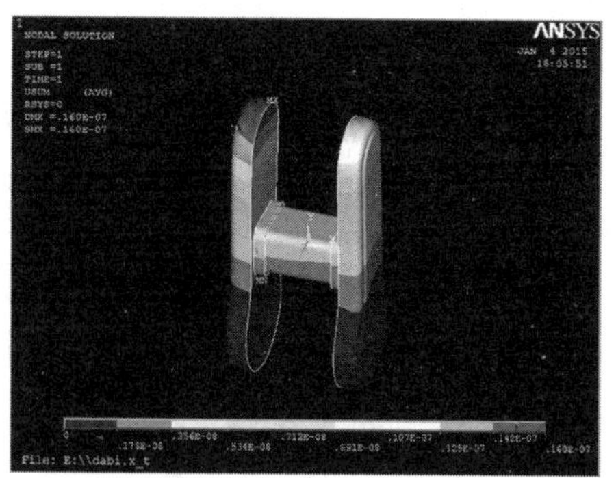

(b) 节点位移云图

图 4-16　大臂静力分析图

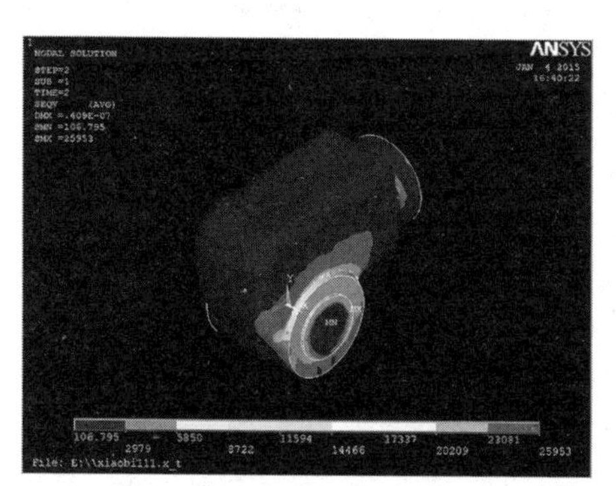

(a) 应力云图

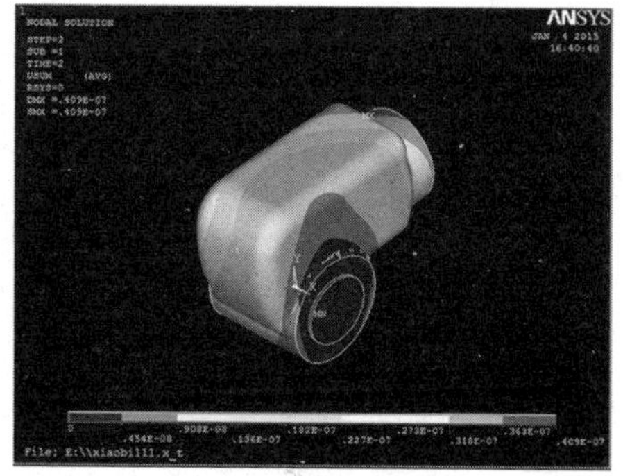

(b) 节点位移云图

图 4-17　小臂静力分析图

由分析结果得出 4 个主体结构件的最大应力与最大位移如表 4-5 所示。

表 4-5　静力分析结果

结构体 结果	基座	立柱	大臂	小臂
最大应力（MPa）	0.0295248	0.00025080	0.0030035	0.0025923
最大位移（mm）	0.0000204	0.00000863	0.0000160	0.0000409

4. 模态分析与相关参数输入输出

与第 3 步类似，设置各主体结构件的材料性质，包括弹性模量 = 2.2E[11]、泊松比=0.3、密度为7800，进行模态分析，分别得到4个主体结构件的前五阶固有频率如图4-18所示，一阶振型如图4-19所示。

***** INDEX OF DATA SETS ON RESULTS FILE *****

SET	TIME/FREQ	LOAD STEP	SUBSTEP	CUMULATIVE
1	1498.1	1	1	1
2	1712.0	1	2	2
3	2329.9	1	3	3
4	3104.8	1	4	4
5	6294.5	1	5	5

（a）基座

***** INDEX OF DATA SETS ON RESULTS FILE *****

SET	TIME/FREQ	LOAD STEP	SUBSTEP	CUMULATIVE
1	1420.2	1	1	1
2	1843.7	1	2	2
3	2484.7	1	3	3
4	4036.2	1	4	4
5	4120.2	1	5	5

（b）立柱

***** INDEX OF DATA SETS ON RESULTS FILE *****

SET	TIME/FREQ	LOAD STEP	SUBSTEP	CUMULATIVE
1	1237.8	1	1	1
2	1858.6	1	2	2
3	3137.7	1	3	3
4	3222.5	1	4	4
5	3492.1	1	5	5

（c）大臂

***** INDEX OF DATA SETS ON RESULTS FILE *****

SET	TIME/FREQ	LOAD STEP	SUBSTEP	CUMULATIVE
1	1067.3	1	1	1
2	1986.3	1	2	2
3	2518.2	1	3	3
4	2858.6	1	4	4
5	4025.8	1	5	5

（d）小臂

图4-18　主体结构件的前五阶固有频率

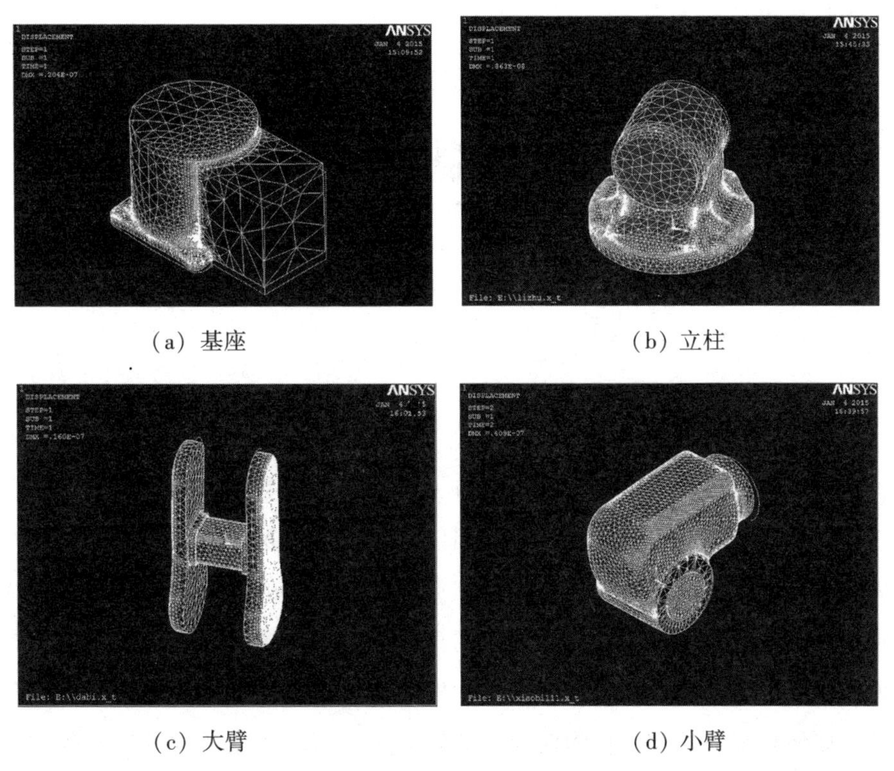

（a）基座　（b）立柱

（c）大臂　（d）小臂

图 4-19　主体结构件一阶振型

5. **组件列表输出**

根据模板外部视图对产品组件进行分解。例如，基座部分可继续分解为外部壳体、基座电机、驱动器、基座减速器、联轴器等，末端执行器部分可继续分解为负压吸盘、压力传感器、连接线等。将所有组件分解到不能分解为止，所有底层组件的集合组成产品的组件清单，为用户购买提供支持。

4.8　本章小结

本章首先给出了产品自配置模板的 4 个组成部分，包括结构树视图、外部视图、内部约束集合、外部参数接口集合；然后详细阐述了工业机器人自配置模板的构成，最终构建了工业机器人自配置模板；最后通过案例分析给出了自配置模板的使用过程。

第 5 章　用户自定制配置设计内部算法

形式化的组件与自配置模板构成了设计平台的数据库，这是一个平台能够支持自定制配置设计的基础。但仅有数据库不足以支持用户能够顺利完成自定制配置设计，如何将用户在自配置模板中的输入转化成对数据库中组件的参数需求，需要模板内部的算法来实现。算法要实现的内容包括如何对不确定的用户需求进行处理，如何从数据库中检索满足约束的服务件，如何将服务件实例化为对象，如何从大量满足约束的服务件对象中选择最优对象，以及如何对最终完成的配置方案进行评价。本章对用户自定制配置设计过程的内部算法进行了深入研究。

5.1　自定制配置设计流程分析

在配置设计过程中，预定义组件集合、配置标准通常通过一个产品配置系统来提供[176-178]。类似地，在用户自定制配置设计过程中，服务件集合、配置约束也是通过设计平台提供给用户的。用户通过设计平台进行自定制配置设计的具体流程如图 5-1 所示。

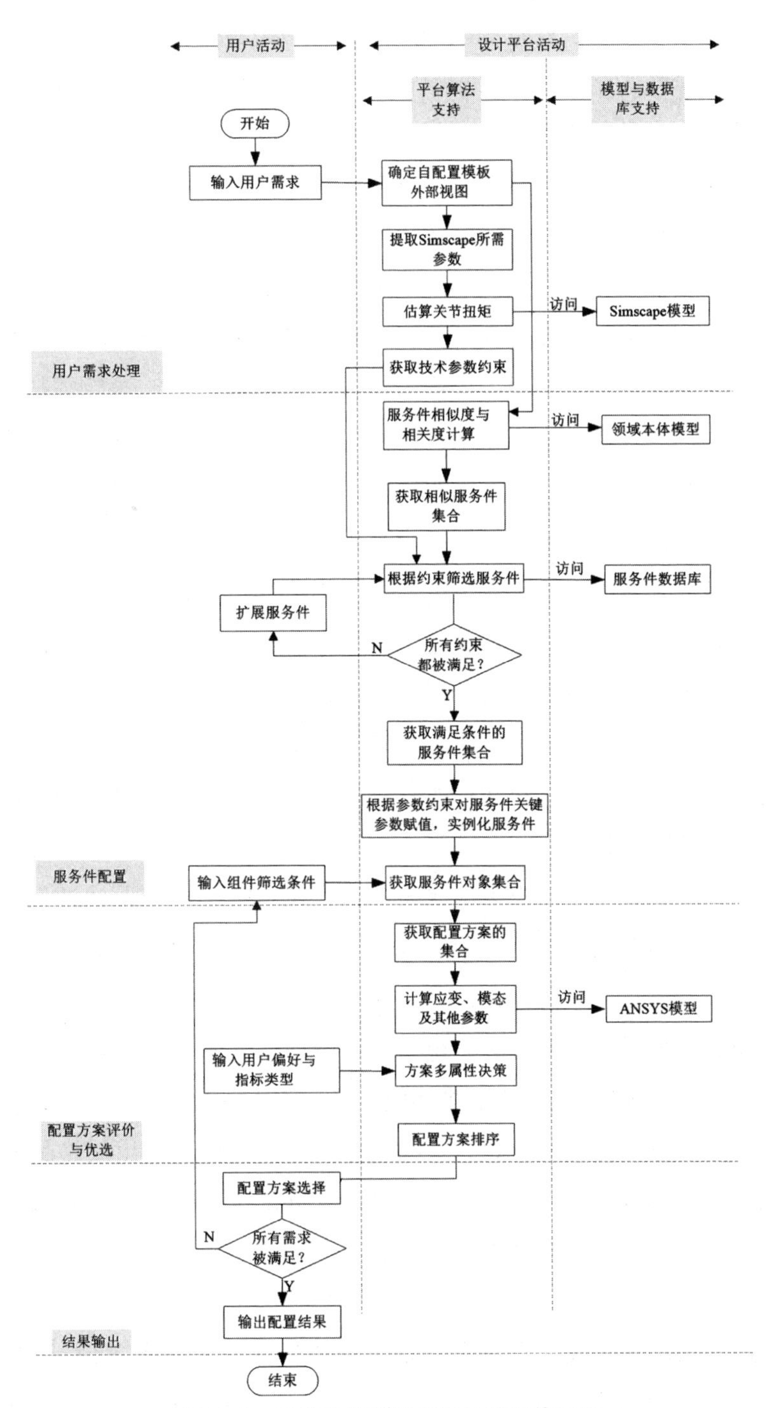

图 5-1　用户自定制配置设计的具体流程

横向来看，将配置设计流程分为4步。第1步是将用户的需求转换为具体的配置参数。主要内容为用户根据自配置模板外部视图的提示输入对产品的要求及产品的工作任务，将自配置模板外部视图中的待定项变为确定项，然后提取Simscape模型计算所需的参数输入Simscape模型中，由模型计算得出自配置模板中的关节扭矩、速度等参数，与模板中的其他参数一起作为服务件配置的依据。第2步是服务件的配置，主要是服务件的检索与实例化。根据第1步得到的配置参数，对本体中的服务件进行相似度计算，选择相似度最大的服务件作为模板中的组成部分，然后进行服务件的实例化，从组件库中进行检索，将检索结果组成满足配置参数与模板约束的组件。当不存在满足约束的组件时，对服务件进行扩展操作，扩展操作从最基础的值域扩展开始。第3步是配置方案的评价与优选。将满足约束的组件组成配置方案的集合，计算每个方案的产品性能，包括应力和应变、振动响应及其他一些用户关心的参数如价格、产地等。采用综合模糊评价方法对配置方案进行评价，根据评价结果对配置方案排序。第4步是获取最终的配置结果。根据第3步的排序结果，选择排在第1位的配置方案作为最终的配置结果，在验证所有需求都被满足后，输出该方案作为用户自定制配置设计的结果。

纵向来看，第1列用户活动代表了用户在自定制配置设计过程中需要采取的行动，包括向设计平台中输入要求，对设计平台输出的结果进行处理判断，以及进行下一步操作；第2列平台算法支持是设计平台在配置过程中内部算法所要实现的任务，包括根据用户输入确定自配置模板外部视图，估算关节扭矩，计算服务件相似度，服务件实例化，检索组件数据库，计算配置方案的性能参数，对配置方案进行评价，输出最终配置结果及产品的各项参数；第3列模型与数据库支持是设计平台中存储服务件及支持平台参数计算用到的各种模型，如领域本体模型、Simscape模型、ANSYS模型等。

如第2章所述，设计平台是实现工业机器人自定制配置设计的关键。根据图5-1可以看出，要完成自定制配置设计的整个流程，平台要能够完成第2列和第3列的所有活动。第3列的模型与数据库已经在第3、4章中进行了详细阐述，本章重点对自定制配置设计流程中平台所要解决的第 2 列算法问题进行研究。

5.2 用户需求处理

5.2.1 模糊需求处理

用户需求处理的目的是将用户的需求转化为对服务件的参数约束。在实际设计过程中，用户对产品某些参数的要求不一定是非常精确的。以工业机器人为例，用户对于臂长的要求可以是一个准确的数值，但更多情况下是一个不精确的范围。通常用模糊集的理论对设计过程中不精确的用户需求进行处理[180-182]。本书对模糊需求进行如下处理。设要研究的论域为 X，x 为 X 中的元素，S 为对称的三角模糊数，有如下公式[6]：

$$S = (S^C,\ S^S) \tag{5-1}$$

$$S^L = S^C - S^S \tag{5-2}$$

$$S^R = S^C + S^S \tag{5-3}$$

$$\mu_S(x) = \begin{cases} 1 - \left|\dfrac{S^C - x}{S^S}\right|, & S^L \leqslant x \leqslant S^R \\ 0, & \text{其他} \end{cases} \tag{5-4}$$

式中，

S^C —— S 的期望值。

S^S —— 期望值的允许偏差。

$\mu_S(x)$ —— 隶属度函数，代表论域 X 中的元素 x 对 S 的隶属度。

以上述理论为基础，设自配置模板需要确定的参数集合为 $X = \{x_1,\ x_2,\ \cdots,\ x_n\}$，$n$ 为自配置模板中待定参数的数量，每个参数的值域由平台根据自身数据库所存储的数据给出，将第 P 个参数 x_P 的值域记为 $[x_P{}^{\min},\ x_P{}^{\max}]$。设有模糊数的集合 $S = \{S_1,\ S_2,\ \cdots,\ S_n\}$，分别代表用户对自配置模板中待定参数的赋值。用户根据自己的需求，对每个模糊数设定一个期望的值 $S_i^{\ C}$，同时给出一个允许浮动的值范围 $S_i^{\ S}$，当用户的需求可以精确确定时，$S_i^{\ S}$ 的值设为0。那么，当 $S_i^{\ S}$ 的值不为0时，用户模板中每个第 P 个参数 x_P 对模糊集合 S 中的第 P 个模糊数 S_P 的隶属度如式(5-5)所示；当 $S_i^{\ S}$ 的值为0时，隶属度如式(5-6)所示。

$$\mu_S(x_P)=\begin{cases}1-\left|\dfrac{S_P^{\ C}-x_P}{S_P^{\ S}}\right|, & x_P\in(x_P^L,\ x_P^R)\\ 0 & ,\text{其他}\end{cases} \tag{5-5}$$

$$\mu_S(x_P)=\begin{cases}1, & x_P=S_P^C\\ 0, & x_P\neq S_P^C\end{cases} \tag{5-6}$$

式中，

$$x_P^{\ L}=\mathrm{Max}(S_P^{\ L},\ x_P^{\ \min}),\ x_P^{\ R}=\mathrm{Min}(S_P^{\ R},\ x_P^{\ \max}),\ x_P^{\ L}\leqslant x_P^{\ R}$$

隶属度函数表明了自配置模板中的参数值对用户需求的满足程度，隶属度越大，表明参数的取值越接近用户的需求。当 $x_P=S_P^{\ C}$ 时，隶属度为1，表示自配置模板的参数取值完全满足用户期望。

自配置模板获取用户的模糊需求后，通过计算得出对每个模糊需求隶属度最大的 x_i 值作为自配置模板的参数取值，同时将相应参数输入Simscape模型中计算关节扭矩等参数，一同作为最终的配置参数，为组件检索提供依据。

5.2.2 手腕自由度确定

对于工业机器人来说，除需求处理外，还需要对手腕自由度进行特殊处理。因为用户通常只能给出工业机器人需要完成任务的情况，但并不清楚几个自由度的机器人能够完成这一任务，所以需要自配置模板的内部处理。

工业机器人手腕自由度是模仿人类手腕进行设计的。人类手腕所能进行的运动如图5-2所示[179]。其中，图（a）、图（b）实际上属于手臂的活动，但在工业机器人设计中一般将其作为手腕的一个旋转自由度，这样在旋转时不需要带动手臂而只带动手腕及末端执行器，可以减轻该自由度原动件的负载。图（c）、图（d）设计为手腕的一个摆动自由度。当手腕的第一个旋转自由度旋转 90°后，第二个摆动自由度即可以完成图（e）、图（f）的掌屈与背屈运动，因此图（e）、图（f）可以略去。因此，手腕一个旋转自由度和一个摆动自由度即可完成人类手腕所能完成的运动。

具有两个自由度的手腕虽然能够模仿人类手腕完成各种运动，但在实际使用过程中会遇到一些问题。例如，工业机器人需要完成钻孔或拧螺丝等任务时，若孔位置或螺丝中心位置与手腕第一个自由度同轴，则可以很轻松地完成，但这种情况是极少的；当不同轴时，手腕末端是很难完成旋转任务的，这时为了增加手腕的灵活性，通常还会在摆动自由度后面再加一个旋转自由度，这样，当末端执行器需要完成钻孔等任务时可通过最后的旋转自由度实现，而不需要调动手臂、手腕等各部件来联合完成。

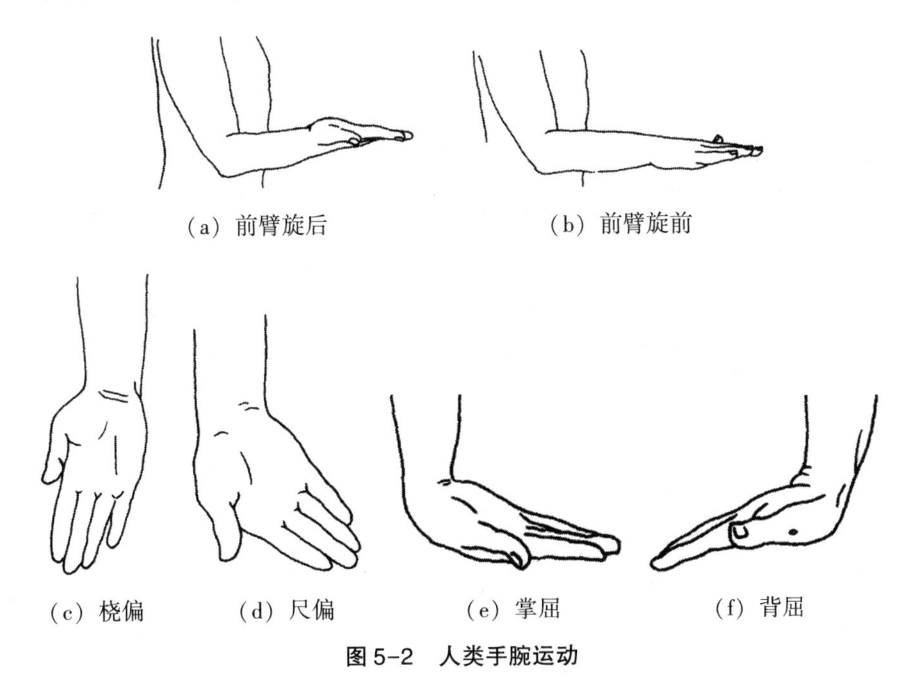

图 5-2　人类手腕运动

基于以上分析，自配置模板为用户推荐的通用手腕结构如图 5-3 所示。该手腕由一个绕 X 轴旋转的自由度、一个绕 Y 轴摆动的自由度及最后一个绕 X 轴旋转的自由度构成，能够代替人类手腕完成大部分活动，同时兼具灵活性。但如第 4 章所述，自由度越多会导致控制越复杂，因此要在能够完成任务的前提下选择尽可能少的自由度。因此，自配置模板还需提供自由度的数目与所能完成的任务说明，如表 5-1 所示，用户可以根据实际任务的姿势范围，选择合适的手腕自由度数目输入自配置模板中。

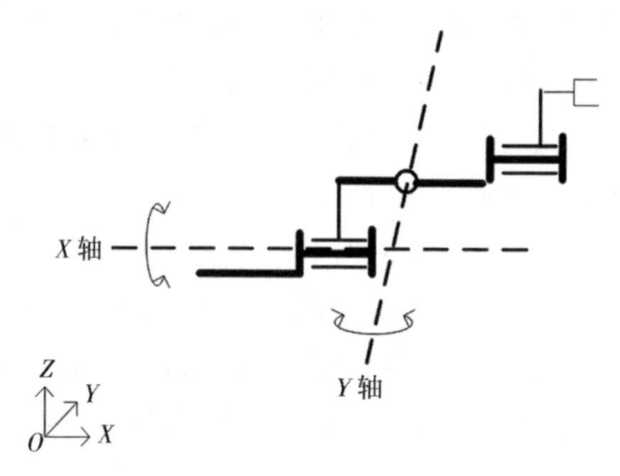

图 5-3　通用手腕结构

表 5-1　手腕自由度与姿态范围

自由度数目	运动副形式	姿态范围
0	无	手腕无自由度，不能在空间中做任何移动
1	X轴	手腕具有一个绕 X 轴旋转的自由度，只能做旋转运动
	Y轴	手腕具有一个绕 Y 轴摆动的自由度，只能做俯仰转动
	Z轴	手腕具有一个绕 Z 轴旋转的自由度，只能做左右摆动
2	X轴 Y轴	可完成除钻孔、拧螺丝等需要末端转动外的任何活动

用户输入所有参数后，自配置模板便被确定下来，自配置模板内部自动计算构成自配置模板服务件之间的参数约束。

5.3 服务件配置

5.3.1 服务件的相似度与相关度计算

用户向自配置模板中输入自由度、原动件类型等参数后，工业机器人的主体结构及组成结构的组件类型便被确定下来。但仅有主体结构是不够的，每个工业机器人除了包括用户根据自己需求所配置的主要组成部分，还包括连接这些组件的标准组件、对这些组件起支持作用的相关组件、比用户所选的主要组件具有更优性价比的组件等。自配置模板不可能将所有组件都包括进来，这会增加用户自定制配置工作的烦琐程度与复杂程度，但对于一个工业机器人来说这些组件又是必不可少的。因此，本节通过基于本体相似度与相关度计算的方法对确定结构的工业机器人服务件进行检索。计算结果与真实情况的吻合度取决于构建的领域本体反映现实世界的准确程度，因此领域本体需要根据情况不断进行修正与完善，使通过计算获得的服务件越来越准确。

在本体中，概念的相似度是指两个概念在功能上具有相似性，使用时可以互相替换的程度，在计算相似度时只考虑本体中的上下位关系；相关度是指两个概念在功能上具有依赖性，实际被使用时同时出现的程度，在计算相关性时需要考虑本体中除上下位外的其他关系。例如，汽车与自行车具有相似性，而汽车和汽油之间具有相关性[183]。本体概念相似度与相关度的计算方法有很多，包括领域本体内基于语义距离的计算方法[184,185]、基于内容的计算方法[186]、异构本体之间基于语义特征相似度的概念映射方法[187,188]，以及综合各种方法的混合计算方法[189]等。两个概念之间相似度的影响因素主要包括概念在本体中所处的层次、概念之间的距离、概念之间的属性相似度等。

在已有的方法中，大多数都是对基于上下位关系的概念相似度的计算，有的即使考虑了少部分除上下位外的其他关系，也只是将其作为相似度的一个组成部分而没有单独作为相关度区分出来。在工业机器人的服务件检索过程中，相似度高的两个服务件可以互相替换，相关度高的两个服务件需要同时被选择，根据相似度与相关度检索服务件的用途具有本质区别，不能看成综合的相似度。因此，本节中基于本体相似度与相关度的服务件检索分为两个方向：一是基于本体中上下位关系的相似服务件检索；二是基于本体中除上下位关系外的相关服务件检索。

1. 基于本体中上下位关系的服务件相似性算法

假设在只有上下位关系的本体中，概念有 n 层，那么边有 $n-1$ 层（$n \geqslant 2$）。边的长度与其连接概念的粒度有关。一条边两端连接的概念被划分得越细，这两个概念的相似性越大，因此这条边的长度越小。设有两个服务件 X 和 Y，在本体中所对应的两个概念分别为 C_x 和 C_y。两个服务件在本体中基于距离的相似度计算公式如式（5-7）和式（5-8）所示：

$$L_{P_i} = \frac{\ln(n-1)+1}{(\ln D_{P_i}+1) \times N_{P_i}} \tag{5-7}$$

$$\mathrm{Sim}_{\mathrm{Dis}}(C_x, C_y) = \frac{\alpha}{\sum_{i=1}^{m} L_{P_i} + \alpha} \tag{5-8}$$

式中，

P_i —— 连接两个概念最短通路的边。

m —— 最短通路边的总数。

L_{P_i} —— 通路中每条边的长度。

D_{P_i} —— 边 P_i 在本体中所处的层次。

N_{P_i} —— 边 P_i 连接的两个概念中的上位概念拥有的子概念数目。

α —— 0 到 1 之间的调节参数。

当 $\sum_{i=1}^{m} L_{P_i} = 0$ 时，两个概念之间距离为 0，此时 $\mathrm{Sim}_{\mathrm{Dis}}(C_x, C_y) = 1$，即两个概念为同一概念。当 $\sum_{i=1}^{m} L_{P_i} = +\infty$ 时，两个概念之间不存在通路，

此时 $\mathrm{Sim}_{\mathrm{Dis}}(C_x, C_y)=0$，即两个概念没有相似之处。

服务件除了对应本体中的概念，本身还具有属性，即服务件表达式（2-4）中的 ob。属性的相似度也是影响服务件相似性的重要方面。设有两个服务件 X 和 Y，它们具有的属性分别为 ob_x 和 ob_y，属性的值域分别为 ob_x^v 和 ob_y^v，值域的平均值为 $\mathrm{ob}_x^{\bar{v}}$ 和 $\mathrm{ob}_y^{\bar{v}}$。两个服务件共有的属性为 ob_{xy}，有 $\mathrm{ob}_{xy}=\{\mathrm{ob}_1, \mathrm{ob}_2, \cdots, \mathrm{ob}_t\}$，$t$ 为共有属性的数目。两个服务件基于属性的相似度计算公式如下：

$$\mathrm{ED}=\sqrt{\sum_{i=1}^{t}\left(\mathrm{ob}_{xy}x_i^{\bar{v}}-\mathrm{ob}_{xy}y_i^{\bar{v}}\right)^2} \tag{5-9}$$

$$P=\frac{\varphi(\mathrm{ob}_{xy})}{\varphi(\mathrm{ob}_x)}+\frac{\varphi(\mathrm{ob}_{xy})}{\varphi(\mathrm{ob}_y)} \tag{5-10}$$

$$\mathrm{Sim}_{\mathrm{ob}}(X, Y)=\frac{\omega_1\beta}{\mathrm{ED}+\beta}+\omega_2 P \tag{5-11}$$

式中，

ED —— X 和 Y 共同属性构成的两个属性向量值域之间的欧几里得距离。

$\mathrm{ob}_{xy}x_i^{\bar{v}}$—— ob_x 中属于 ob_{xy} 的属性值域的均值。

$\mathrm{ob}_{xy}y_i^{\bar{v}}$—— ob_y 中属于 ob_{xy} 的属性值域的均值。

$\varphi(\mathrm{ob}_{xy})$ —— ob_{xy} 中的属性数目。

$\varphi(\mathrm{ob}_x)$ —— ob_x 中的属性数目（非 0）。

$\varphi(\mathrm{ob}_y)$ —— ob_y 中的属性数目（非 0）。

P —— 两个服务件在相同属性数目上的相似度。

$\mathrm{Sim}_{\mathrm{ob}}$—— X 和 Y 基于属性的相似度。

ω_1，ω_2—— ED 与 P 在基于属性相似度中所占的权重。

β —— 调节参数。

两个服务件的综合相似度计算公式如下：

$$\mathrm{Sim}(X, Y)=\lambda_1\mathrm{Sim}_{\mathrm{Dis}}(C_x, C_y)+\lambda_2\mathrm{Sim}_{\mathrm{ob}}(X, Y) \tag{5-12}$$

式中，

λ_1，λ_2—— 分别为基于距离的相似度值和基于属性的相似度值在两个服务件相似度计算中所占的比重。

2. 基于本体中除上下位关系外的服务件相关性算法

本书构建的领域本体中除上下位关系外，还有7种横向关系，其中表达不同概念之间的关系有Ha、Ca、As 3种。不同类型关系连接的概念之间的相关度也不同，3种关系连接的概念之间关联强度顺序为Ca >As>Ha。例如，由Ca关系连接的两个概念之间的相关度要大于由Ha关系连接的两个概念之间的相关度。设有两个服务件X和Y，在本体中所对应的两个概念分别为C_x和C_y。两个服务件在本体中的相关度计算公式如下：

$$L_{\mathrm{Ca}} = \omega_1 \tag{5-13}$$

$$L_{\mathrm{As}} = \omega_2 \tag{5-14}$$

$$L_{\mathrm{Ha}} = \omega_3 \tag{5-15}$$

$$L_{P_i} = k_i L_{\mathrm{Ca}} + m_i L_{\mathrm{As}} + n_i L_{\mathrm{Ha}} \tag{5-16}$$

$$\mathrm{Rel}(X, Y) = \frac{\delta}{\sum_{i=1}^{t} L_{P_i} + \delta} \tag{5-17}$$

式中，

ω_1，ω_2，ω_3——3种关系的权重，有$\omega_1 > \omega_2 > \omega_3$。

P——由这3种关系组成的X与Y之间的所有通路集合。

t——集合中通路的数目，P_i为其中一条通路。

k_i——P_i中Ca关系的数目。

m_i——P_i中As关系的个数。

n_i——P_i中Ha关系的个数。

L_{P_i}——P_i的长度。

δ——调节参数。

利用相关性算法可以得到与工业机器人主体结构服务件相关的服务件集合，但这个集合中的服务件是有重复的，重复发生的原因有两种：一是如果服务件A与B互相连接，在服务件A的相关性集合中有服务件B，那么B的相关服务件集合中必然存在A；二是如果A和B通过中间件C连接，那么A与B的相关服务件集合中都会包括C。因此，相关性计算完成后还要对集合进行约简。设用户通过自配置模板得到的工业机器人主体结构服务件集合为 M，连接 M 中某两个服务件而不属于 M 的中间件集合为 I，M 中每个服务件通过相关性计算得到的相关服务件的集合为 M_{Rel}，则经过约简后的相关服务件集合 $M'_{\mathrm{Rel}} = M_{\mathrm{Rel}} - M - I$。

5.3.2 服务件筛选与实例化

在服务件实例化前，先需要根据5.2节获得的服务件技术参数约束对服务件进行筛选，将计算得到的相似服务件集合中值域不符合技术参数约束的服务件去掉，对剩下的服务件进行实例化。再根据服务件的重要度确定实例化的顺序，自配置模板内部约束中服务件的出现频率决定了其重要程度，如果出现次数多，说明与该服务件互相约束的服务件多，这个服务件需要优先进行实例化，因为它的参数值变化会对其他服务件参数值产生更大的影响。本书借鉴计算机科学领域中冒泡排序法的思想，对服务件进行两两比对，最终确定服务件的实例化顺序。设满足条件的服务件集合为 $A = \{S_1, S_2, \cdots, S_n\}$，确定服务件实例化顺序的算法如下。

(1) 约简集合。遍历集合中的元素，若 S_i 和 S_j 是通过相似性计算得到的相似服务件，则保留其中任意一个服务件，删掉另外一个。

(2) 从 A 中取任意两个相邻的服务件 S_j 和 S_{j+1}，对自配置模板内部约束中 S_j 和 S_{j+1} 的出现次数进行计数，记为 $N \cdot S_j$ 和 $N \cdot S_{j+1}$，若 $N \cdot S_j < N \cdot S_{j+1}$，则交换两者位置。

(3) 当相邻两个服务件出现次数相同时，将两个服务件放入同一括号中视为 A 中的一个元素。

(4) 对 A 中的每对相邻服务件重复步骤(1)和(2)，从 S_1 和 S_2 开始一直到 S_{n-1} 和 S_n。

(5) 重复步骤(2)和(3)，直到所有 $N \cdot S_j > N \cdot S_{j+1}$。

(6) 将集合中删掉的服务件重新加入集合中，与集合中的相似服务件放入同一括号视为 A 中的一个元素。

(7) 输出重新排序后的有序服务件集合 $A' = \{S_{1'}, S_{2'}, \cdots, S_{n'}\}$，有 $n' \leqslant n$。

确定服务件的实例化顺序后，按照 A' 中的顺序从第一个元素开始对服务件进行实例化。实例化服务件并不需要对服务件的每个参数都一一赋值，因为服务件中每个参数的值域是由各服务件对象组成的，确定了某一个或几个参数值，便能确定一个服务件对象，从而完成实例化。对服务件参数的赋值取决于自配置模板输出的技术参数约束，根据约束的边界，从服务件的值域中选择最接近约束边界的值作为服务件的参数值，从而确定服务件对象。

5.3.3 服务件对象筛选

5.3.2 节从服务件的技术参数角度对服务件进行了实例化，但是在服务件的数据库中，相同技术参数的服务件对象可能不只一个，如两个不同的生产厂家可能会向数据库中上传同样型号的组件，这样在数据库中就会存在两个技术参数完全相同的不同服务件对象。因此，还需要对满足技术参数需求的服务件对象做进一步的筛选。

筛选过程根据服务件的 Ma 值进行，由用户根据自己的需求对服务件 Ma 中的每个参数设定优先级，筛选的主要目的是当有多个服务件对象的技术参数相同时，系统能够按照用户的偏好选择最合适的服务件对象。Ma 中用户关注的参数主要是由制造者发布的组件供应商、价格、产地、易用性、供应是否充足、交货期等信息，当两个服务件的技术参数值相同时，若用户认为应该优先选择价格低的服务件对象，则将价格参数设为最高优先级；若用户认为应该优先选择供应充足的服务件对象，则将供应量设为最高优先级。将 Ma 中这些参数记为筛选向量 $\mathbf{PU} = \{\mathbf{pu}_1, \mathbf{pu}_2, \cdots, \mathbf{pu}_n\}$，用户重新排序后的筛选向量 $\mathbf{PU}' = \{\mathbf{pu}_1, \mathbf{pu}_2, \cdots, \mathbf{pu}_n\}$，其中 $\mathbf{pu}_i$ 的优先级大于等于 $\mathbf{pu}_{i+1}$ 的优先级。$\mathbf{PU}'$ 为服务件对象的筛选依据，筛选完成的服务件对象即可以自配置模板为基础组成配置方案的集合，供下一步使用。

通过以上分析可以看出，服务件的配置过程与表示方法紧密相关，

图5-4展示了服务件的表示方法如何在服务件的配置过程中发挥作用。

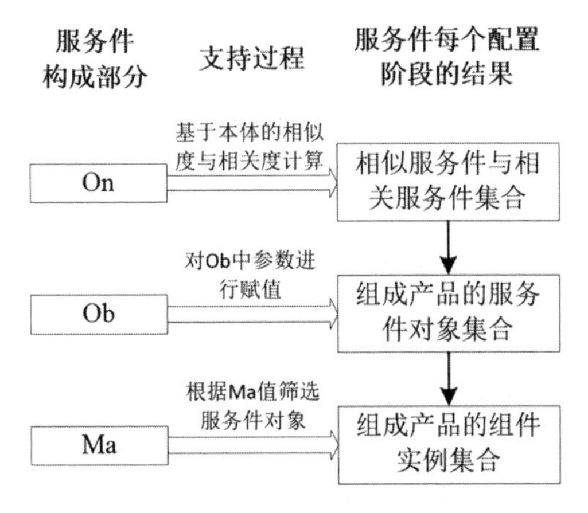

图5-4 服务件表示方法对配置过程的支持

5.4 配置方案评价

配置方案集合中的每个方案都可以通过自配置模板输出方案的工作空间、工作速度、价格等参数，以及通过有限元分析得到方案的振动响应、应力和应变等参数，通过对不同方案的性能进行评价，最终选出符合用户偏好的方案。配置方案具有多个性能参数，需要对受到多个性能参数影响的配置方案给出一个综合的评价。由于对性能指标的评价具有不确定性，常用的评价方法有模糊综合评价法、模糊多属性决策法等，但是这些方法都需要对每个配置方案的每个性能指标通过隶属度函数逐一进行评分，而隶属度函数一般都由系统根据专家经验提前给出，但专家的意见并不代表用户的意见，专家对某个指标值的评分可能与用户并不一致。在自定制配置设计模式下，需要完全以用户为导向对配置方案进行评价，基于此种考虑，本书采用简单线性加权的多属性决策法对配置方案进行评价。

1. **构建决策矩阵**

设配置完成的方案集 $X=\{x_1, x_2, \cdots, x_m\}$，方案 x_i 的性能指标集 $Y=\{y_1, y_2, \cdots, y_n\}$，则配置方案的决策矩阵$\boldsymbol{R}$如下：

$$
\boldsymbol{R}=(r_{ij})_{m\times n}=\begin{bmatrix} r_{11} & r_{12} & \cdots & r_{1n} \\ r_{21} & r_{22} & \cdots & r_{2n} \\ \vdots & \vdots & \vdots & \vdots \\ r_{m1} & r_{m2} & \cdots & r_{mn} \end{bmatrix} \tag{5-18}
$$

2. 矩阵归一化处理

通过对矩阵进行归一化处理，将有量纲的指标绝对数值变为无量纲的指标相对数值。进行处理时需要对指标类型进行划分，多属性决策理论中常用的指标类型有成本型、效益型、固定型、偏离型、区间型、偏离区间型等。本书用到的指标类型包括以下 4 类：第 1 类是效益型，与最终评价结果成正相关，如定位精度，该指标值越大则方案的整体性能越好；第 2 类是成本型，与最终评价结果呈负相关，如应变值，该指标值越大则方案的整体性能越差；第 3 类是固定型，与最终评价结果没有线性相关性，而由用户指定的固定数值作为最佳配置数值，如工作范围，用户可能会指定某一个具体的数值作为最佳工作范围，工作范围越接近这个数值的方案性能越好；第 4 类是区间型，由用户指定一个范围作为最佳配置数值，如价格，用户可能会指定一个最高价格和最低价格，价格越接近这个范围的方案性能越好。每个指标所属的类型是不确定的，由用户根据自己需求指定。例如，对于价格指标，用户如果认为价格越低越好，则将价格指定为成本型；如果认为价格在某一个范围内最好而不是越低越好，则将价格指定为区间型。采用标准 0-1 变换对 4 类指标值处理如下[190]：

如果 r_j 为效益型指标，有

$$
r_{ij}'=\frac{r_{ij}-\mathrm{Min}\ r_j}{\mathrm{Max}\ r_j-\mathrm{Min}\ r_j} \tag{5-19}
$$

如果 r_j 为成本型指标，有

$$
r_{ij}'=\frac{\mathrm{Max}\ r_j-r_{ij}}{\mathrm{Max}\ r_j-\mathrm{Min}\ r_j} \tag{5-20}
$$

如果 r_j 为固定型指标，有

$$
r_{ij}'=1-\frac{|r_{ij}-r_{0j}|}{\mathrm{Max}|r_j-r_{0j}|} \tag{5-21}
$$

如果 r_j 为区间型指标，有

$$r_{ij}' = \begin{cases} 1 & , r_{ij} \in [r_{0j\min}, r_{0j\max}] \\ 1 - \dfrac{\mathrm{Max}(r_{0j\min} - r_{ij}, r_{ij} - r_{0j\max})}{\mathrm{Max}(r_{0j\min} - \mathrm{Min}\ r_j, \mathrm{Max}\ r_j - r_{0j\max})} & , r_{ij} \notin [r_{0j\min}, r_{0j\max}] \end{cases} \tag{5-22}$$

经过处理后的决策矩阵如下：

$$\boldsymbol{R}' = (r_{ij}')_{m\times n} = \begin{bmatrix} r_{11}' & r_{12}' & \cdots & r_{1n}' \\ r_{21}' & r_{22}' & \cdots & r_{2n}' \\ \vdots & \vdots & \vdots & \vdots \\ r_{m1}' & r_{m2}' & \cdots & r_{mn}' \end{bmatrix} \tag{5-23}$$

其中，r_{ij}' 的取值范围为 $0 \leqslant r_{ij}' \leqslant 1$。

3. 根据用户偏好确定指标权重

将每个指标的重要程度分为 6 级，由数字 0～5 表示，0 代表用户认为该指标一点都不重要，5 代表用户认为该指标的重要程度最大。用户偏好取值表如表 5-2 所示。

表 5-2　用户偏好取值表

<table>
<tr><td>y_1</td><td>0</td><td>1</td><td>2</td><td>3</td><td>4</td><td>5</td><td rowspan="4">评价建议</td></tr>
<tr><td>y_2</td><td>0</td><td>1</td><td>2</td><td>3</td><td>4</td><td>5</td></tr>
<tr><td>…</td><td>…</td><td>…</td><td>…</td><td>…</td><td>…</td><td>…</td></tr>
<tr><td>y_n</td><td>0</td><td>1</td><td>2</td><td>3</td><td>4</td><td>5</td></tr>
</table>

表 5-2 中最右侧的评价建议是系统对用户评价的参考建议，可以帮助用户更合理地进行评价。用户对每个指标取值选择完成后，得到用户偏好 $\boldsymbol{U} = \{\mu_1, \mu_2, \cdots, \mu_n\}$，对 $\boldsymbol{U}$ 进行如下处理：

$$\mu_i' = \frac{\mu_i}{\sum_{i=1}^{n} \mu_i} \tag{5-24}$$

处理后的用户偏好 $\boldsymbol{U}' = \{\mu_1', \mu_2', \cdots, \mu_n'\}$，有 $\sum_{i=1}^{n} \mu_i' = 1$。

4. 计算综合评价值

配置方案综合多属性的评价值计算方法如下：

$$\boldsymbol{F}=\boldsymbol{R}'\times\boldsymbol{U}'^{\mathrm{T}}=\{f_1,\ f_2,\ \cdots,\ f_m\}^{\mathrm{T}} \tag{5-25}$$

式中，

f_i —— 对第 i 个配置方案的综合评价值。

取$\boldsymbol{F}$中的最大值 $\mathrm{Max}f_i$ 对应的第 i 个配置方案，即为满足用户偏好的最佳方案。

此评价方法充分考虑了用户的偏好，对于同一个配置方案，不同用户的综合评价值是不同的。在该方法下，用户只需要按照自己的需求指定每个性能指标的类型及对该指标的偏好程度，系统便能自动计算每个配置方案的最终得分，为用户提供参考。

5.5 案例：工业机器人自定制配置设计算法

5.5.1 用户需求处理

根据 4.5 节自配置模板的参数要求，用户需要确定自配置模板的静态参数 $P_s=\{N_{\mathrm{DOF}},\ T_{\mathrm{KP}},\ T_{\mathrm{DS}},\ T_{\mathrm{Tr}},\ T_{\mathrm{Se}},\ T_{\mathrm{EE}},\ W_{\mathrm{EE}},\ L_a\}$，以及动态参数 $P_d=\{\omega_p,\ A_p,\ \omega_{\mathrm{EE}},\ A_{\mathrm{EE}}\}$。对于 N_{DOF} 与 T_{KP}，根据 5.2.2 节的方法，用户选择能绕 X 轴和 Y 轴旋转的手腕，连同位置自由度，最终自配置模板中的工业机器人具有 5 个自由度。接着用户确定原动件类型为电机，传动方式为齿轮减速器传动。根据用户所要完成的任务，工业机器人实际需要搬运板材类物体，因此末端执行器类别选择适合搬运板材的负压吸盘，板材重量即末端执行器上的最大重量为 4 kg，同时在吸盘上添加一个力敏传感器，对负压吸盘的压力进行测定。根据用户的实际使用环境，需要工业机器人的工作范围最小能到 1.0 m，最大不超过 1.5 m。同时，根据工厂内的现场情况，需要工业机器人 P 点能够达到 2 m/s 的运动速度并在 0.5 s 内达到该速度，末端执行器达到指定姿势的速度和加速度也与 P 点相同。至此，自配置模板所有需要用户输入的参数便完成输入，有 VP_s = {5，(Z，Y，Y，X，Y)，电机，齿轮减速器，力敏传感器，负压吸盘，4 kg，(1.0 m～1.5 m)}，VP_d = {2 m/s，4 m/s²，2 m/s，4 m/s²}。其中，T_{KP} 的值为一个集合，其中记录了每个自由度的旋转轴，L_a 的值为模糊值，采用式（5-5）计算出对该模糊值隶属度最大的取值为 1.25 m，然后将 VP_s 中的模糊值用计算得到的值替代。

所有参数处理完成后，自配置模板便由一个具有待定因素的结构变成了符合用户需求的固定结构，组成该结构的服务件集合 M= {X 型基座，Y 型立柱，Z 型大臂，L 型小臂，M 系列负压吸盘，腰关节（A 系列电机×1,A 系列驱动器×1，B 型 RV 减速器×1），肩关节（C 系列电机×1，C 系列驱动器×1，D 型 RV 减速器×1），肘关节（C 系列电机×1，C 系列驱动器×1，D 型 RV 减速器×1），腕关节（K 系列电机×1，K 系列驱动器×1，T 型谐波齿轮减速器×1），G 型力敏传感器}；同时通过第 4 章介绍的模板内部约束计算、运动学与动力学分析，自配置模板将输入的用户需求转化为对自配置模板中每个部件的技术参数约束，供下一步服务件配置使用。

5.5.2　服务件配置

利用式（5-7）～式（5-17），对 M 中的服务件进行基于本体相似度与相关度的计算，取相似度与相关度的阈值为 0.5，将相似度与相关度大于 0.5 的服务件作为结果输出，得到相似度与相关度的计算结果如表 5 - 3 所示，M_{Sim} 为 M 的相似服务件集合，M'_{Rel} 为 M 的相关服务件集合。

表 5-3　相似度与相关度的计算结果

M	M_{Sim}	M'_{Rel}
X 型基座	X′型基座，X″型基座	结合螺栓，管型连接轴，定位板
Y 型立柱	Y′型立柱，Y″型立柱	交叉滚子轴承，结合螺栓
Z 型大臂	Z′型大臂，Z″型大臂	四点接触球轴承，结合螺栓

续表

M	M_{Sim}	M'_{Rel}
L 型小臂	L′型小臂，L″型小臂	四点接触球轴承，结合螺栓
M 系列负压吸盘	M′系列负压吸盘，M″系列负压吸盘	结合螺栓
A 系列电机	A′系列电机，A″系列电机	联轴器，支架
C 系列电机	C′系列电机，C″系列电机	联轴器，支架
K 系列电机	K′系列电机，K″系列电机	联轴器，支架
A 系列驱动器	A′系列驱动器，A″系列驱动器	电缆
C 系列驱动器	C′系列驱动器，C″系列驱动器	电缆
K 系列驱动器	K′系列驱动器，K″系列驱动器	电缆
B 型 RV 减速器	B′型 RV 减速器，B″型 RV 减速器	转壳，弹簧，链轮
D 型 RV 减速器	D′型 RV 减速器，D″型 RV 减速器	转壳，弹簧，链轮
T 型谐波齿轮减速器	T′型谐波齿轮减速器，T″型谐波齿轮减速器	腕壳，弹簧，带轮
G 型力敏传感器	G′型力敏传感器	螺栓

接着根据上一步自配置模板计算出来的服务件技术参数约束，包括基座高度<0.4 m，0.1 m<臂长<0.5 m，电机功率>10 kW，减速器减速比>20等约束，对相似服务件集合进行筛选，将集合中值域不满足约束条件的相似服务件删掉，然后按照5.3.2节介绍的算法对服务件进行排序，得到筛选并排序后的服务件集合如表5-4所示。

表5-4　筛选并排序后的服务件集合

M	M_{Sim}	顺序
X 型基座	X″型基座	4
Y 型立柱	Y′型立柱，Y″型立柱	5
Z 型大臂	Z′型大臂	3
L 型小臂	L′型小臂，L″型小臂	3
M 系列负压吸盘	M′系列负压吸盘	7

续表

M	M_{Sim}	顺序
A 系列电机	A′系列电机，A″系列电机	1
C 系列电机	C′系列电机	1
K 系列电机	K′系列电机，K″系列电机	1
A 系列驱动器	A″系列驱动器	6
C 系列驱动器	C′系列驱动器，C″系列驱动器	6
K 系列驱动器	K′系列驱动器	6
B 型 RV 减速器	B′型 RV 减速器，B″型 RV 减速器	2
D 型 RV 减速器	D″型 RV 减速器	2
T 型谐波齿轮减速器	T′型谐波齿轮减速器，T″型谐波齿轮减速器	2
G 型力敏传感器	G′型力敏传感器	8

然后对表 5-4 中的服务件按照顺序依次进行实例化，从数据库中选择最接近约束边界的服务件对象作为实例化的结果。注意，这里并不包括相关服务件的实例化，因为相关服务件一般都是标准件，可以在所有主体结构件全部完成实例化后从数据库中根据服务件对象的接口信息自动匹配合适的相关服务件。

最后对服务件对象进行筛选。如果用户对 Ma 中参数赋予的排序为{价格低，交货期短，易用性好，产地距离收货地址近，供应充足}，那么对具有相同技术参数的服务件，系统则选择价格最低；价格相同时，则选择交货期最短的，依此类推。此步完成后，表 5-4 中的每个服务件都有唯一一个实例化后的服务件对象，供下一步自定制配置设计使用。

5.5.3　配置方案评价

根据表 5-4 可以知道，由实例化后的服务件对象组成的配置方案有 2×3×2×3×2×3×2×3 = 1269 种。其中，数字分别对应表中前 8 行服务件的数目。前 8 行服务件对象确定后，后面的服务件对象都是唯一对应的，如电机型号确定后，驱动器型号也就唯一确定。计算机通过对每个方案进行性能仿真，可以得到方案的各项性能参数。由于篇幅所限，这里只选3个方案进行评价。假设最终配置方案集合 $X=\{x_1, x_2, x_3\}$，工业机器人的性能指标集为 $Y=\{$最大工作范围（m），最大负载（kg），最大运动速度（m/s），最大应变（mm），固有频率（Hz），价格（万），重量（kg）$\}$，由式（5-18），得配置方案的决策矩阵 $\boldsymbol{R}$ 如下：

$$\boldsymbol{R}=\begin{bmatrix} 1.2 & 5 & 3 & 0.005 & 32.175 & 15 & 137 \\ 1.4 & 4.5 & 2.5 & 0.01 & 51.233 & 12 & 151 \\ 1.25 & 6 & 2 & 0.003 & 48.265 & 16 & 103 \end{bmatrix}$$

用户输入的每个性能指标为：最大工作范围（区间型，1.0 m~1.5 m）、最大负载（固定型，4 kg）、最大运动速度（效益型）、最大应变（成本型）、固有频率（效益型）、价格（区间型，10万～20万）、重量（成本型）。然后，根据式（5-19）～式（5-22）对 $\boldsymbol{R}$ 中的数值进行处理，得到处理后的决策矩阵 $\boldsymbol{R}'$ 如下：

$$\boldsymbol{R}'=\begin{bmatrix} 1 & 0.5 & 1 & 0.714 & 0 & 1 & 0.291 \\ 1 & 0.75 & 0.5 & 0 & 1 & 1 & 0 \\ 1 & 1 & 0 & 1 & 0.844 & 1 & 1 \end{bmatrix}$$

用户依次输入每个指标的重要度 $\boldsymbol{U}=\{4, 5, 3, 2, 4, 3, 1\}$，由式（5-24）得到处理后的用户偏好向量 $\boldsymbol{U}'=\{0.18, 0.23, 0.14, 0.09, 0.18, 0.14, 0.04\}$。由式（5-23）计算可得：

$$\boldsymbol{F}=\begin{bmatrix} 1 & 0.5 & 1 & 0.714 & 0 & 1 & 0.291 \\ 1 & 0.75 & 0.5 & 0 & 1 & 1 & 0 \\ 1 & 1 & 0 & 1 & 0.844 & 1 & 1 \end{bmatrix}\times\begin{bmatrix} 0.18 \\ 0.23 \\ 0.14 \\ 0.09 \\ 0.18 \\ 0.14 \\ 0.04 \end{bmatrix}=\begin{bmatrix} 0.651 \\ 0.743 \\ 0.802 \end{bmatrix}$$

由结果可以看出3个方案综合评价值的大小关系为 $x_1 < x_2 < x_3$，即方案3为最符合用户偏好的自定制配置结果。

5.6　本章小结

本章对用户使用设计平台进行自定制配置设计的内部算法进行了研究。首先，分析了用户使用设计平台进行自定制配置设计的流程；其次，对设计流程中平台要实现的内部算法进行了阐述，从自由度确定与模糊需求计算两方面对用户需求进行了处理；接着，进行服务件的配置，包括通过服务件的 On 值进行基于本体相似度与相关度的服务件检索，通过服务件的 Ob 值进行服务件的筛选与实例化，通过服务件的 Ma 值进行服务件对象的筛选；然后，通过简单加权多属性决策法对最终配置方案进行评价，得到满足用户偏好的最佳产品；最后，对用户的自定制配置设计内部算法进行了实例分析。

第 6 章　设计平台原型系统设计与应用研究

在自定制配置设计模式下，设计平台是所有参与方进行交互的中间媒介，各方在平台上进行与自己相关的活动，如设计、销售、购买、服务、监督等。设计合理的平台是自定制配置设计模式实施成功的关键。

6.1　系统需求分析

6.1.1　平台用例图

通过第 2 章对自定制配置设计模式的分析可知，在该模式下，各参与方都需要与平台进行交互，各参与方使用设计平台的用例图如图6-1所示，用例图展示了产品设计平台需要提供的功能。其中，当用户只进行自定制配置设计而不进行购买活动时，实际上是作为产品设计者的角色的，如定义 2.4 所述，后者也可称为用户。

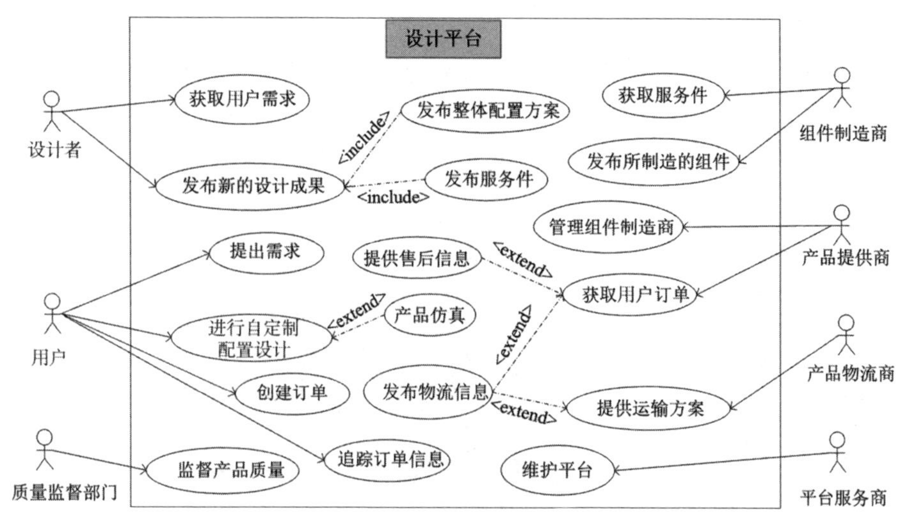

图 6-1 设计平台用例图

6.1.2 基于角色的业务流程分析

从用例图可以看出，产品设计平台的使用者共有 7 种。图 6-2 所示为用户使用平台的业务流程，当用户准备购买工业机器人时，可以直接在平台上搜索满足需求的设计成品，当数据库中没有能够满足需求的产品时，可以进行自定制配置设计，也可以在平台上发布需求，等待其他设计者的解决方案。图 6-3 所示为设计者使用平台的业务流程，其中“利用自配置模板进行设计”的详细过程与图 6-2 中类似，因此不再展开。图 6-4 所示为组件制造商业务流程，组件制造商可以直接在平台上发布自己的组件，也可以从平台上选择其他设计者设计的服务件进行制造，使其经过组件实例化后成为服务件实例。图 6-5 所示为产品提供商业务流程，产品提供商主要进行线下的产品装配与打包，并在平台上发布产品的售后服务信息。图 6-6 所示为产品物流商业务流程。上述图中深色框部分的内容不属于平台上的业务活动，是参与方进行的线下活动。

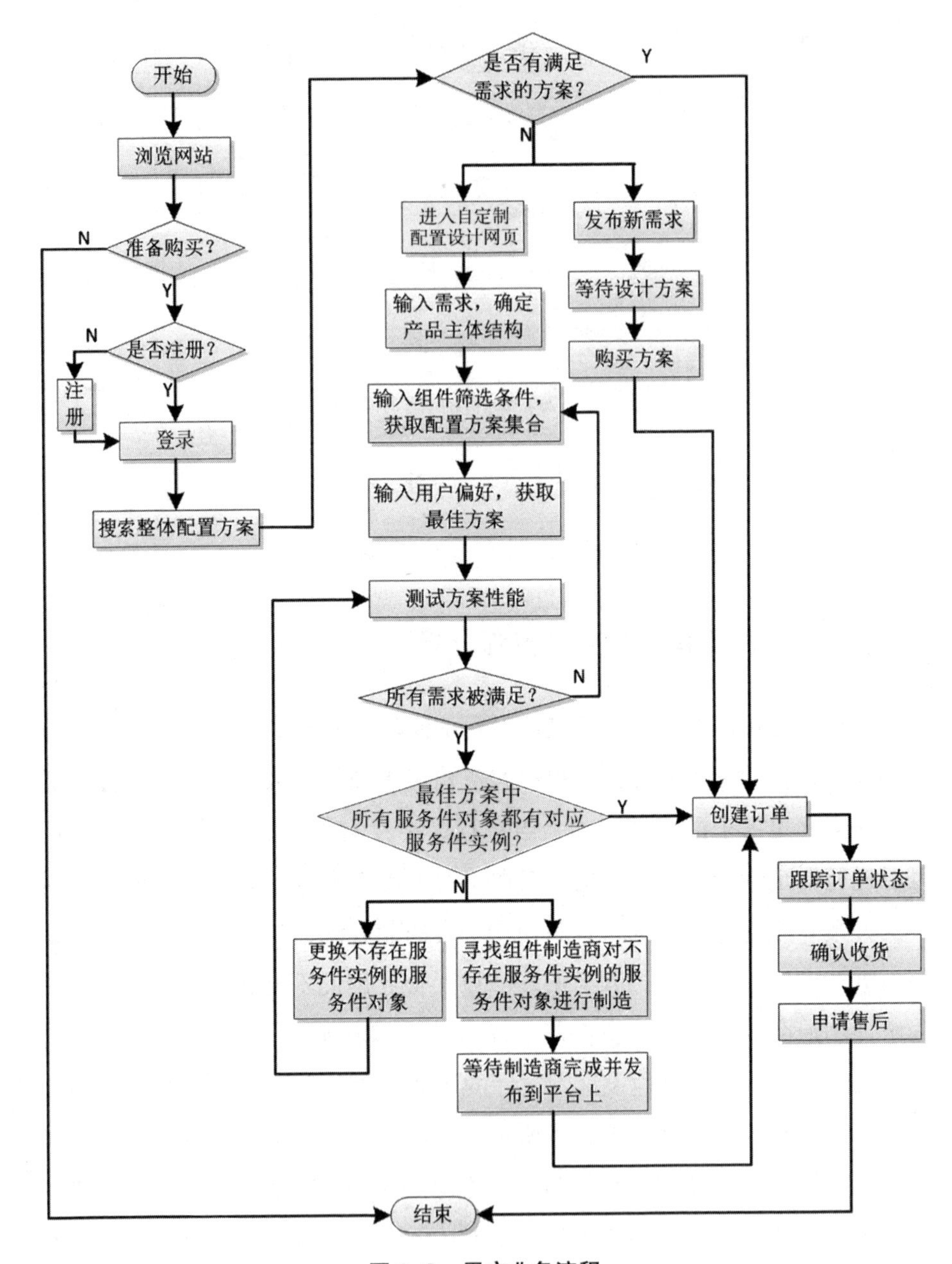
开始
浏览网站
准备购买？
N
Y
是否注册？
N
Y
注册
登录
搜索整体配置方案
是否有满足需求的方案？
Y
N
进入自定制配置设计网页
发布新需求
输入需求，确定产品主体结构
等待设计方案
购买方案
输入组件筛选条件，获取配置方案集合
输入用户偏好，获取最佳方案
测试方案性能
所有需求被满足？
N
Y
最佳方案中所有服务件对象都有对应服务件实例？
Y
N
创建订单
跟踪订单状态
确认收货
申请售后
更换不存在服务件实例的服务件对象
寻找组件制造商对不存在服务件实例的服务件对象进行制造
等待制造商完成并发布到平台上
结束

图 6-2　用户业务流程

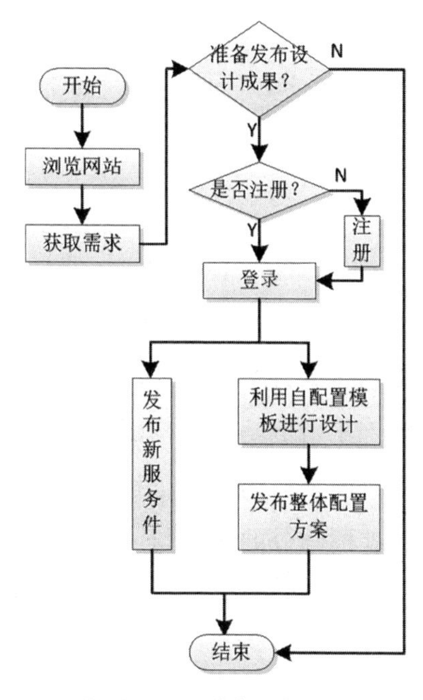

图 6-3　设计者业务流程

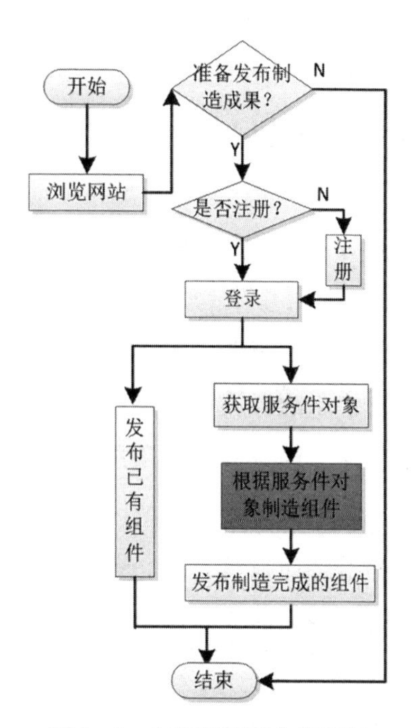

图 6-4　组件制造商业务流程

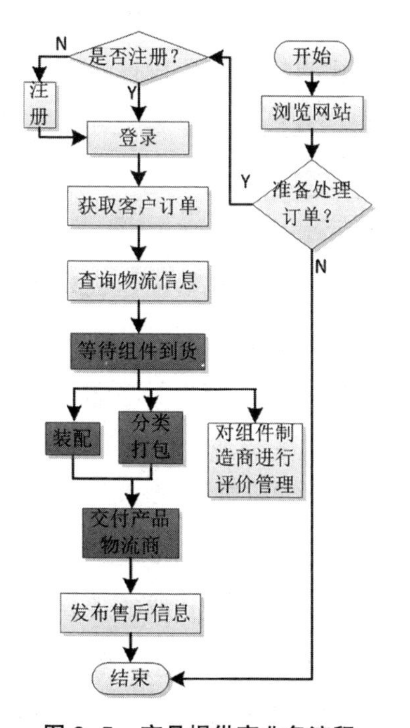

图 6-5　产品提供商业务流程

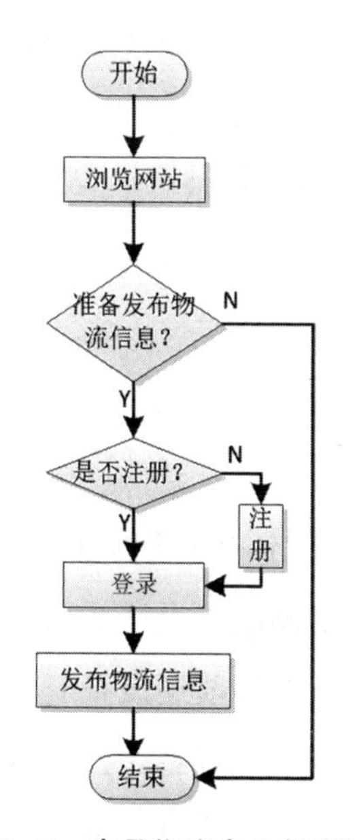

图 6-6　产品物流商业务流程

6.2 系统设计

6.2.1 功能模块设计

根据需求分析，将设计平台分为 9 个功能模块：产品发布、产品展示、自定制配置设计、用户订单管理、组件制造商订单管理、产品提供商订单管理、物流管理、用户管理和后台管理。平台的功能结构图如图 6-7 所示，图中深色框部分的内容为产品设计平台的核心内容，是相比一般电子商务平台而言具有核心竞争力的部分，浅色框部分的内容与一般电子商务平台功能类似，不做重点介绍。

1. 产品发布

产品发布部分包括设计者发布自己的设计结果与组件制造商发布自己的制造结果。设计者将设计的服务件发布到服务件数据库，供用户自定制配置设计调用，除服务件对象外，还可发布由自定制配置设计得到的整体配置方案；组件制造商将制造完成的组件和工业机器人作为服务件实例与整体工业机器人发布到平台上，供用户购买。

2. 产品展示

产品展示部分展示了产品发布模块上传的内容，包括设计成果如服务件对象、整体配置方案，制造成果如组件、工业机器人。平台使用人员可以根据自己关注的重点，选择不同的条件对展示的内容进行筛选，如按价格高低、按销量高低、按某项技术参数值、按所能完成的任务等。

3. 自定制配置设计

自定制配置设计部分是为所有具有设计能力的用户提供的。用户可以在这里发布目前还没有现成解决方案的定制化需求，使其能够被其他有解决能力的设计者看到；也可以查看其他用户发布的定制需求，看自己是否有能力解决；还可以按照平台设计的流程进行自定制配置设计，最终的配置结果可以作为自己的解决方案，也可以通过“产品发布”模块发布到平台上，使其他人能够共享设计成果。

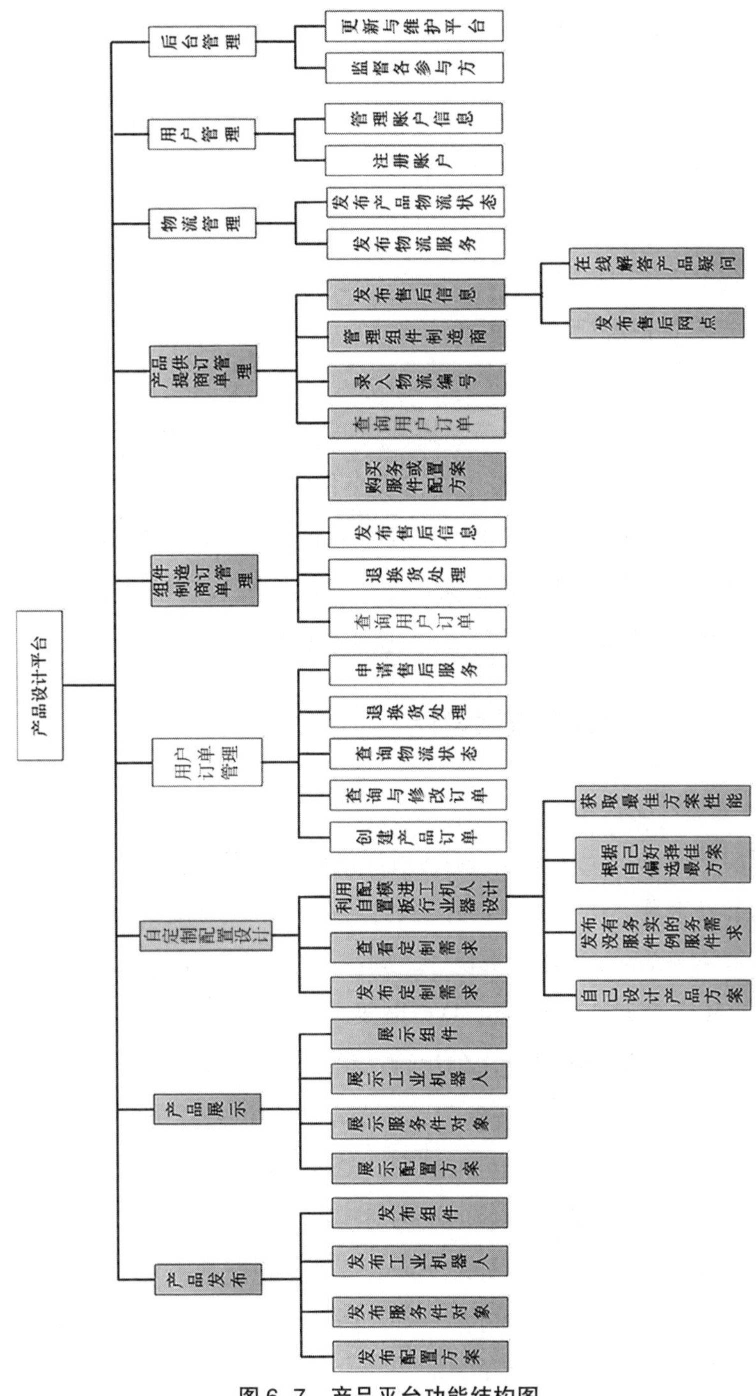

图 6-7　产品平台功能结构图

4. 组件制造商订单管理

组件制造商订单管理部分除了包括制造商对自己上传的组件进行的销售订单管理，还包括购买平台上的服务件和配置方案。因为服务件和配置方案都是设计者的设计结果，并没有经过制造变为实际的组件和工业机器人，所以组件制造商可以从平台上选择适合自己生产条件的服务件或配置方案，购买后经过制造使其成为组件和产品，再通过“产品发布”模块发布到平台上，供用户购买。

5. 产品提供商订单管理

产品提供商是平台与用户之间联系的桥梁，负责将用户自定制配置的方案进行实现。在平台上，产品提供商可以查询用户的订单以方便掌握订单中组件的物流情况，录入装配完成交付物流的产品物流编号供用户查询，发布对使用的组件的评价，对组件制造商进行评级管理，发布售后信息（这里售后主要指对自己装配整体产品的售后），将售后网点信息发布到平台上供用户查询，可以在线对用户的疑问进行解答。

6.2.2 物理配置方案设计

1. 选择开发软件

采用 Fireworks 与 Dreamweaver 可以进行前台网页的设计，两者都是可视化的开发工具，在 Fireworks 中进行图片的切割、整体的布局后，可以直接导入 Dreamweaver 进行网页设计。后台开发工具选用Eclipse，开发语言选用 Java，Web 框架选用 Spring MVC 框架，Spring MVC 框架是一种基于请求驱动的架构，该架构处理请求的运行过程如图 6-8 所示。

当服务器接收到用户请求后，由前端控制器将任务委托给控制器处理，控制器根据任务创建相应的模型，处理完成后返回一个模型，前端控制器根据返回的模型选择相应的视图对模型数据进行呈现，然后将视图响应返回给用户，一个请求便处理完成。该模式很好地实现了前台用户界面层与后台数据模型层之间的分离解耦，通过中间的控制器实现两者的交互与同步，使开发过程更为简单灵活。

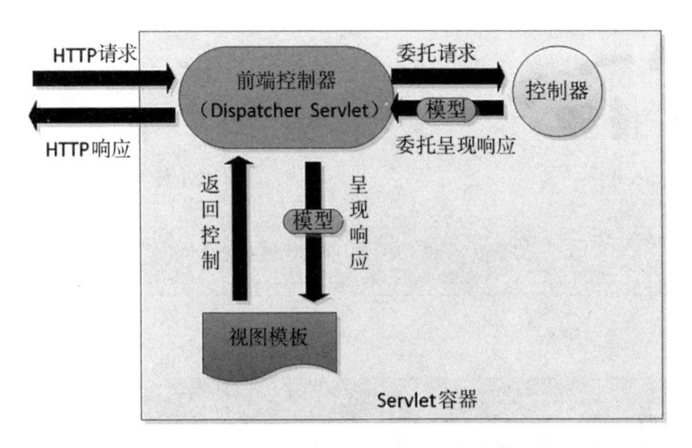

图 6-8　Spring MVC 运行过程[191]

2. 选择数据库

选择 Oracle 9i 作为平台的数据库，Oracle 9i 在处理大量数据、存储多媒体数据（如声音、动画等）、安全性、稳定性方面具有很大的优势，非常适合本书开发的设计平台。

3. 选择计算机硬件

目前主流计算机配置都能够满足本书设计平台的开发工作，本书选择酷睿四核 CPU、4G 内存、500G 硬盘、Windows 7 操作系统的计算机进行开发工作。

6.2.3　设计平台的体系结构

产品设计平台将线上的自定制配置设计和线下的组件与工业机器人联系起来，设计平台的体系结构如图 6-9 所示。

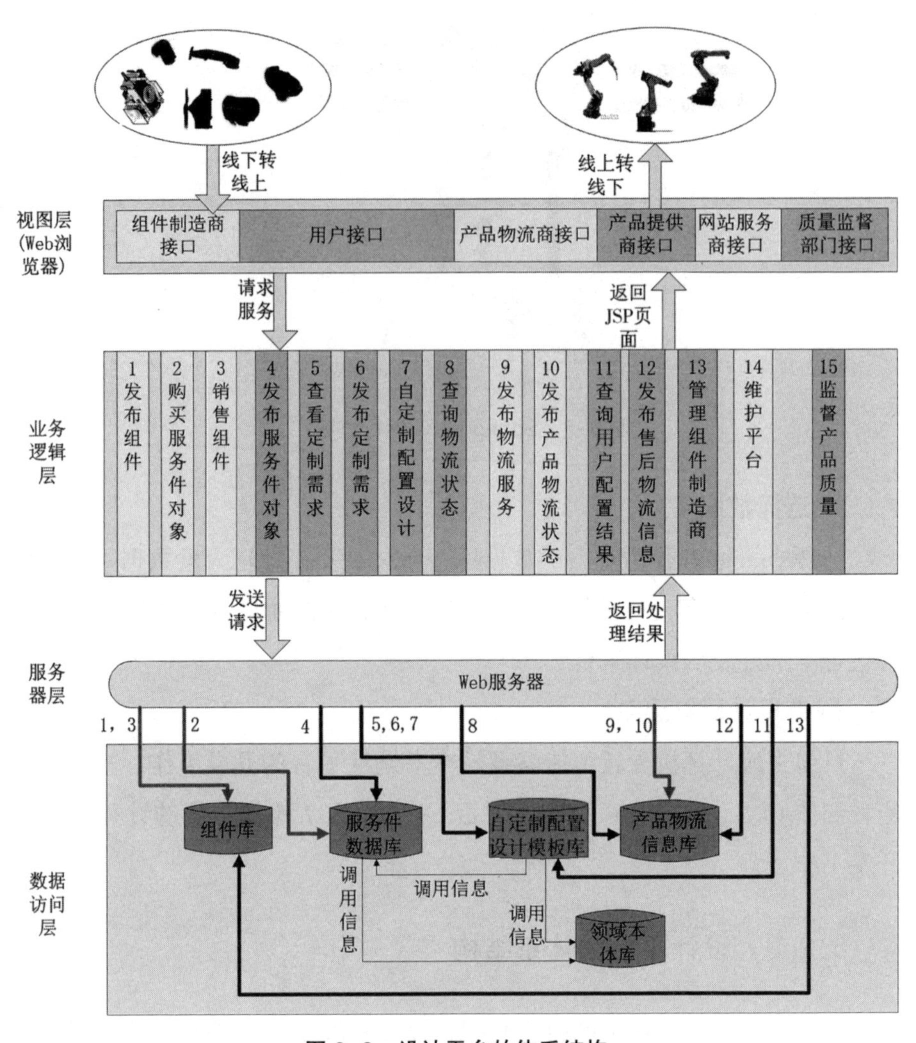

图 6-9　设计平台的体系结构

整个体系结构分为视图层、业务逻辑层、服务器层和数据访问层。视图层与业务逻辑层是平台用户能够看到的部分，这部分通过图 6-8 所示的框架对平台的数据库进行访问与操作。产品设计者将设计的服务件发布到服务件数据库中。组件制造商从服务件数据库中提取设计信息，然后将生产组件的相关信息，如型号、规格、产地、价格等，发布到组件库中。用户通过平台提供的自定制配置设计模板库调用服务件数据库和领域本体库中的信息进行自定制配置设计并创建订单，同时也可以将现有服务件不能满足的新需求发布到模板库中，供产品设计者研究。产品提供商读取订单信息，线下进行装配等业务活动，并在平台上发布售后信息。产品物流商将物流信息存入产品物流信息库供用户查询。质量监督部门通过平台和所有参与人员产生交互，监督各参与者的产品与服务质量，保证整个流程与最终产品符合国家标准；网站服务商提供后台维护，也和所有参与者产生交互，解决参与者在平台使用中遇到的技术问题。

6.3　系统页面设计

6.3.1　平台首页

平台首页内容如图 6-10 所示。

图 6-10　平台首页内容

首页内容从上向下分为3部分。最上方为平台所有页面都有的标题栏，其中网站功能导航是整个网站所有功能的快捷切入方式，单击后页面如图6-11所示，通过单击每个方框可直接进入相应功能模块。首页中间左侧为服务件、组件等的展示栏，按照上传的时间顺序从最后上传的开始显示，单击“More”按钮后显示更多内容，同时可以进行高级筛选，具体内容见6.3.2节；展示栏右侧为平台最主要的功能列表，通过单击可快速方便地进入相应界面，其中自配置设计①为平台最具竞争力的核心功能，因此用不同颜色与其他功能加以区分。下方内容分别为最新动态、平台优势、广告位、友情链接。其中，平台优势介绍开放设计平台的优势，包括提供完全定制功能，并通过提供自定制配置模板，为用户提供帮助；打造工业机器人网上研发制造一体化平台，支持用户、组件制造商、设计者等所有相关参与者使用；提供更加专业的电子目录，建立工业机器人产品行业标准。

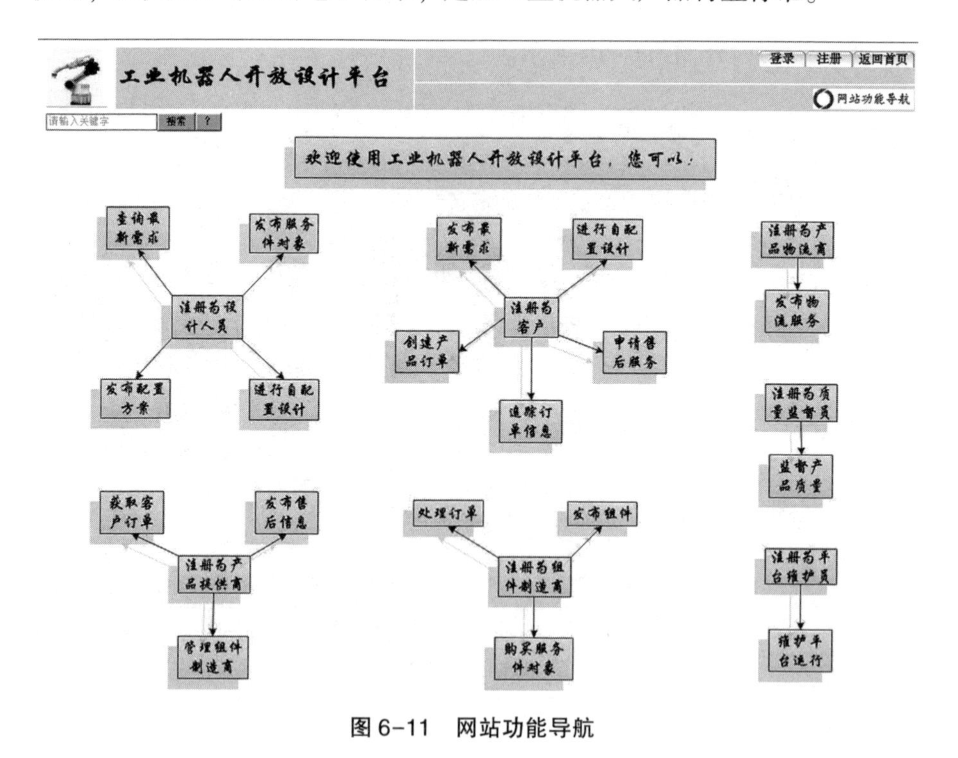

图6-11 网站功能导航

① 设计平台中将自定制配置设计简写为自配置设计。

6.3.2 产品发布与展示

根据图 6-11 可知，不同的角色可在平台上发布不同的内容，发布之前需要先登录。进入发布服务件对象页面，发布者选择所发布服务件对象的类型，如驱动器、电机、基座等，根据不同的类别，网页中呈现的 Atr 也不相同。例如，对于电机，则 Atr 集合中包含的元素为功率、转速、惯量等；对于减速器，则 Atr 集合中包含的元素为减速比、允许扭矩、齿面硬度、安装形式等。服务件对象名称与 Ob 值由发布者进行填充，灰色的 On 与 Ma 部分由平台自动进行填充，其中实例信息为空，只有服务件经过组件实例化后，实例信息才由组件制造商填充完成。若发布类型选择减速器，其页面如图 6-12 所示。发布组件与发布服务件对象类似，除 Ob 值外还需要写入 Ma 中的实例信息值，这里不再赘述。配置方案发布页面如图 6-13所示，通过自配置模板设计完成的配置方案可通过该页面发布到平台上，Ob 值为自配置模板中获得的性能参数值，由发布人写入，On 与 Ma 中的管理信息值同样由平台自动填充，发布工业机器人与发布配置方案类似，不同的是还需要写入 Ma 中的实例信息值，同样不再赘述。

对首页所展示的内容，可以通过单击“More”按钮进行更详细的查找。例如，单击“服务件对象展示”下的“More”按钮，弹出页面如图 6-14 所示。发布配置方案页面与之类似，不同的是检索条件的设置，发布配置方案页面的检索条件为图 6-13 中的 Ob 项内容。发布组件和工业机器人产品页面也与发布服务件对象和配置方案页面类似，不同的是检索条件中多了实例信息，包括产品价格、产地、制造商等，这里不再一一截图介绍。

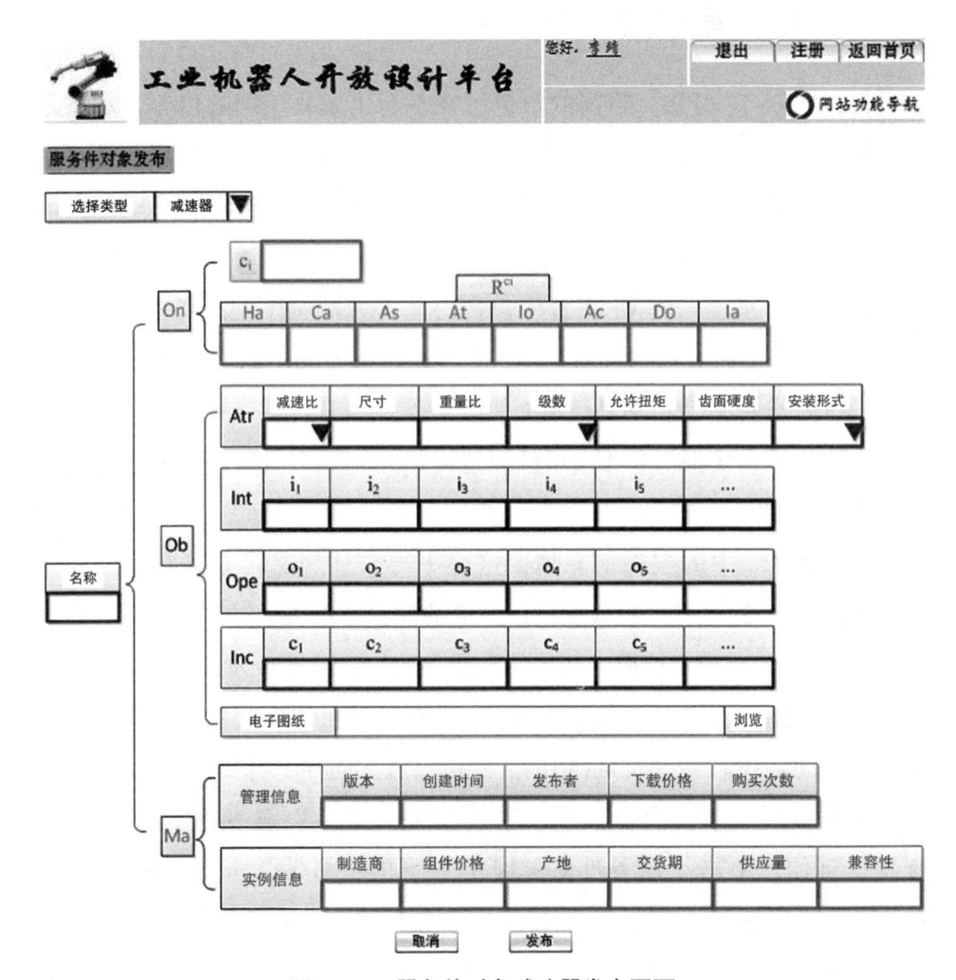

图 6-12　服务件对象减速器发布页面

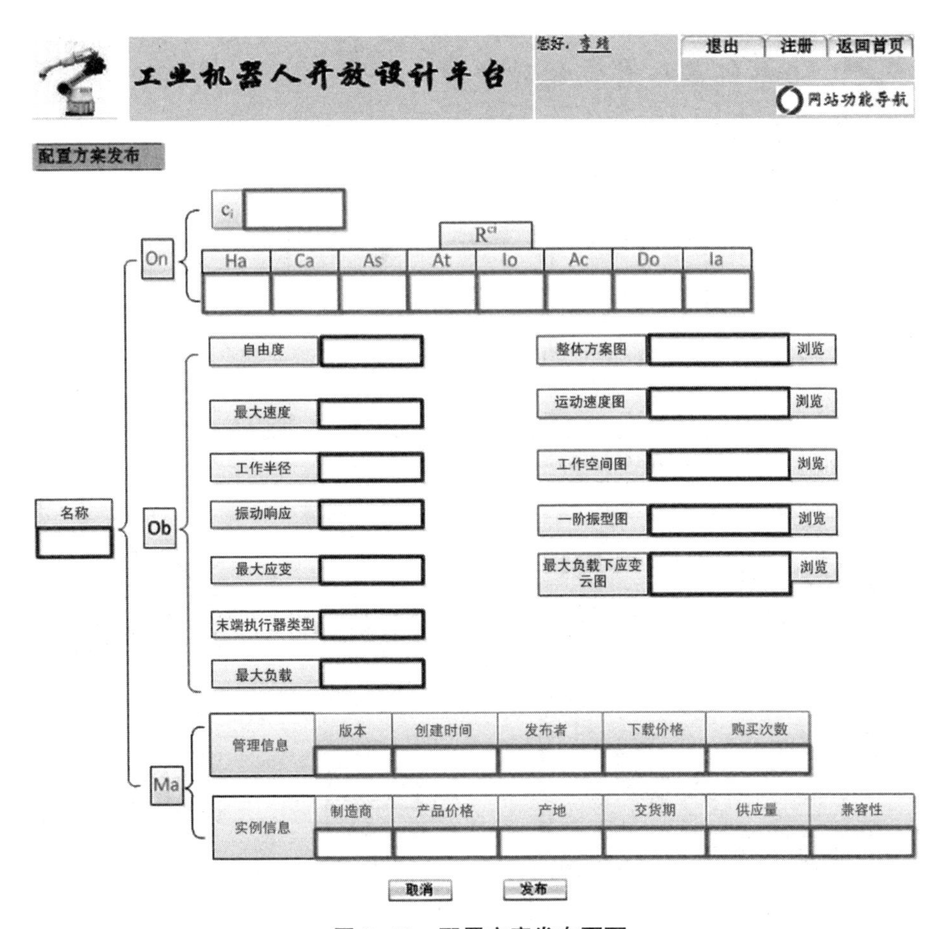

图 6-13　配置方案发布页面

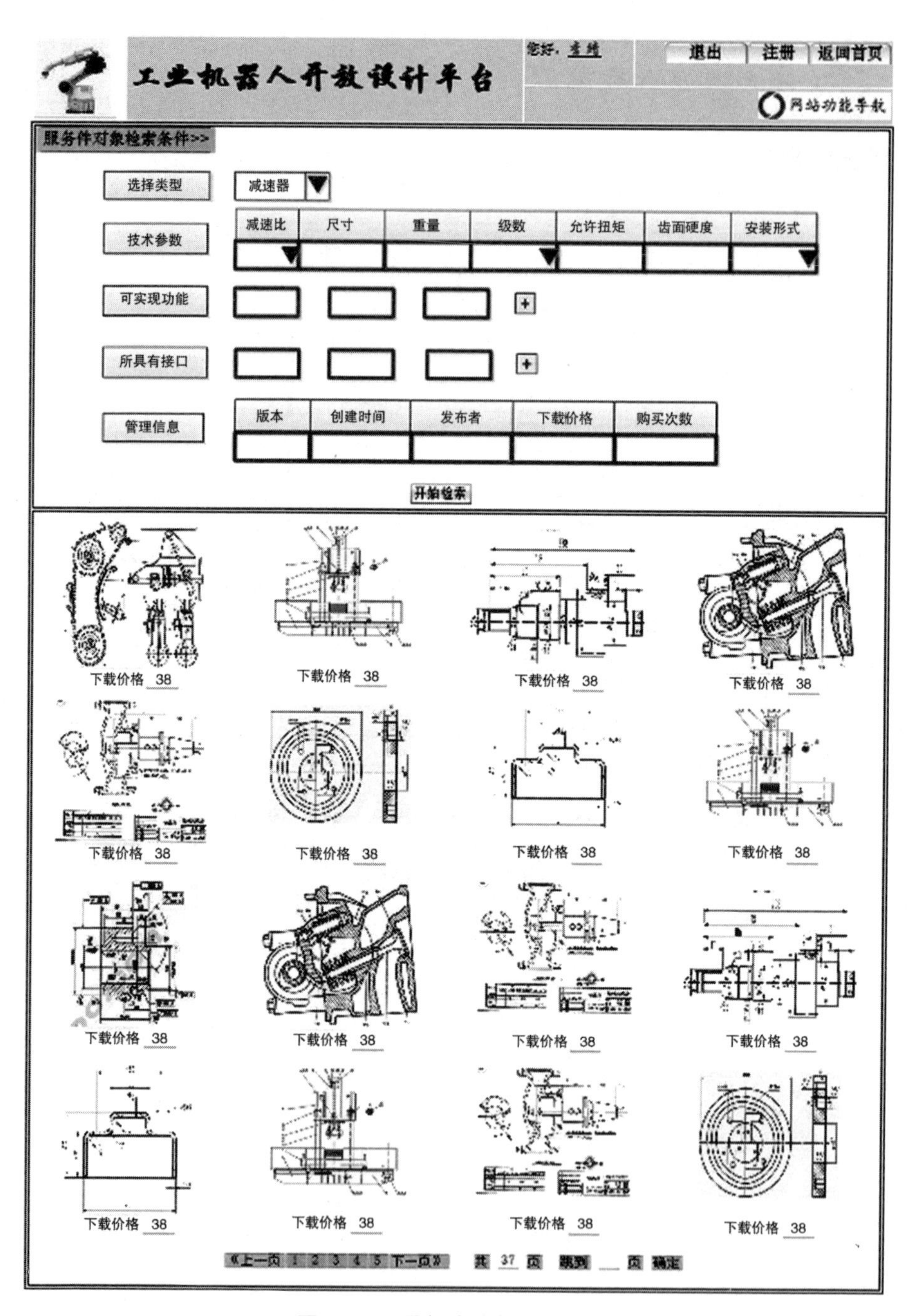

图 6-14 服务件对象展示页面

6.3.3　自配置设计

单击首页的“自配置设计”按钮，进入页面如图 6-15 所示。平台用户可以查看其他人发布的需求，选择自己有能力解决的需求进行设计，也可以将自己的需求发布到平台上供其他有设计能力的人查看，还可以单击下方的“进行自配置设计”按钮，进入如图 6-16 所示的自配置模板首页。

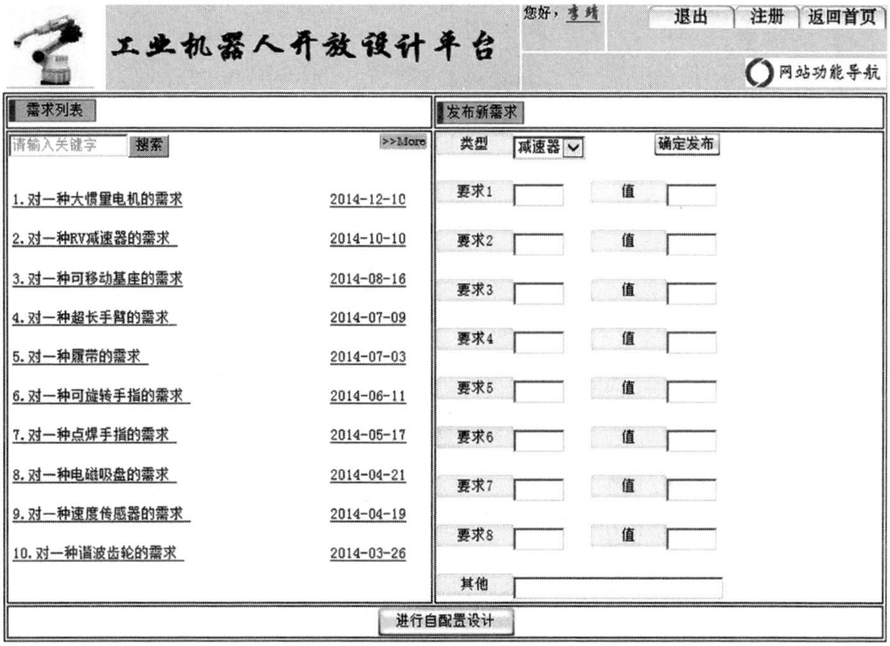

图 6-15　发布/查看需求页面

图 6-16 左侧是用机械简图表示的工业机器人自配置模板，单击左上方的“查看图例”按钮，可以显示表 4-1 所示的内容，对自配置模板中每个图形元素进行解释。右侧可以根据自己的需求向自配置模板中输入各种参数，单击手腕自由度后的“单击选择”按钮弹出如表5-1所示的内容，供用户进行选择，所有参数输入完成后单击“确定”按钮，系统根据需求确定初步结构，得到如图6-17所示的工业机器人结构，其中每个组成部分的组件类型都已确定。

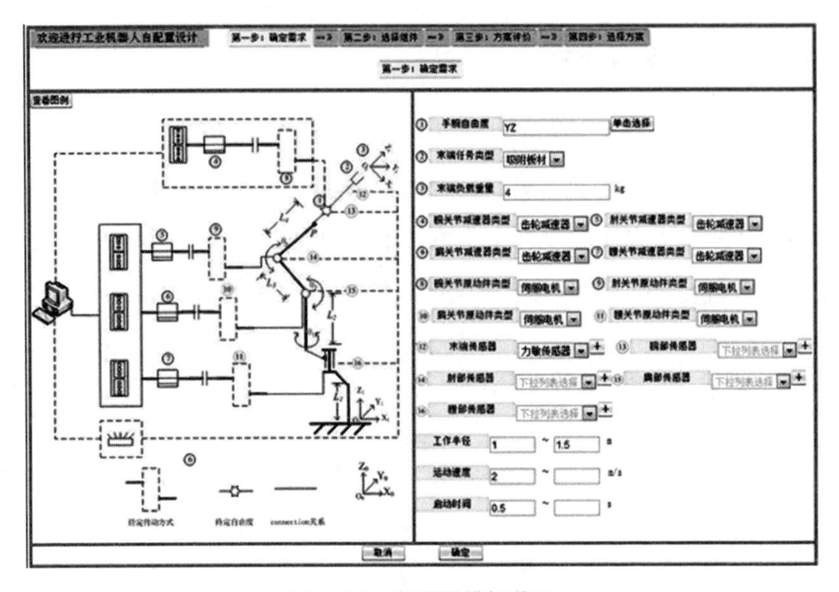

图 6-16 自配置模板首页

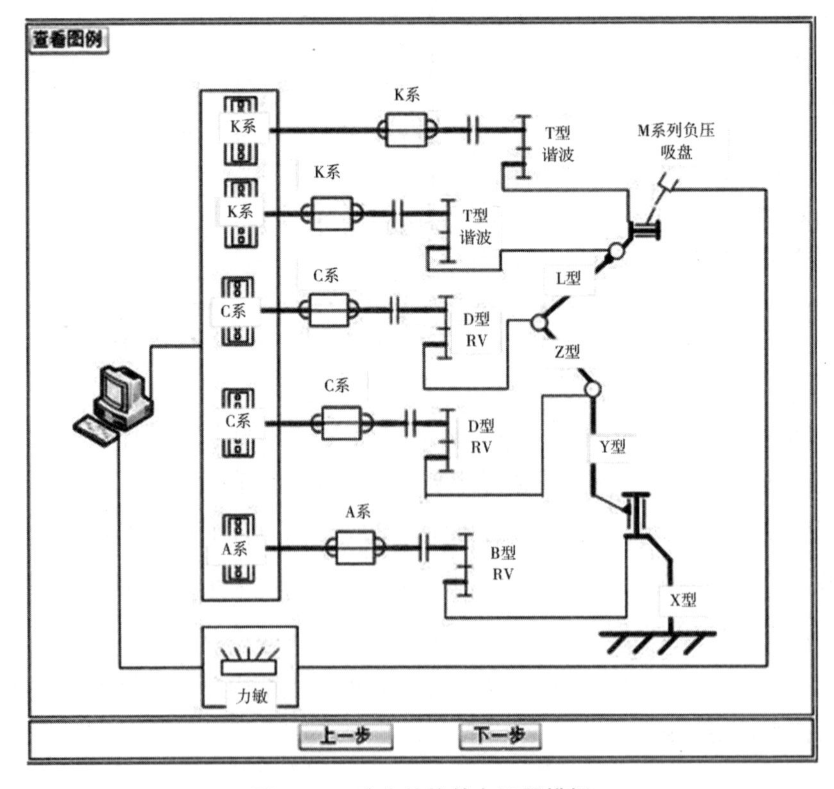

图 6-17 确定结构的自配置模板

需求输入完成后，单击“下一步”按钮进入选择组件部分，如图 6-18 所示。用户根据自己的需求对组件参数进行优先度排序，选择完成后页面如图 6-19 所示。排序完成后，拥有相同技术参数的组件，用户优先考虑价格低的组件，价格相同时优先考虑品牌价值得分高的组件，这里品牌价值、性价比等评分由产品提供商根据以往的使用经验给出。排序完成后，系统进行相似性与相关性服务件检索、值域不满足约束的服务件删除、确定服务件实例化顺序、服务件实例化、组件筛选等一系列操作，得到最终的配置方案结果页面，如图 6-20 所示。

单击“下一步”按钮，进入配置方案评价页面，如图 6-21 所示。用户根据工业机器人的每个性能指标在自己心中的重要程度输入每个性能指标的分值，输入完成后单击“确定”按钮，进入如图 6-22 所示的页面。在该页面中用户根据自己对每个指标的要求，输入指标类型，当指标为区间型时，还需要输入区间的最大值与最小值，输入完成后单击“确定”按钮，系统开始根据用户的输入对上一步所得的 6 个配置方案进行评分。

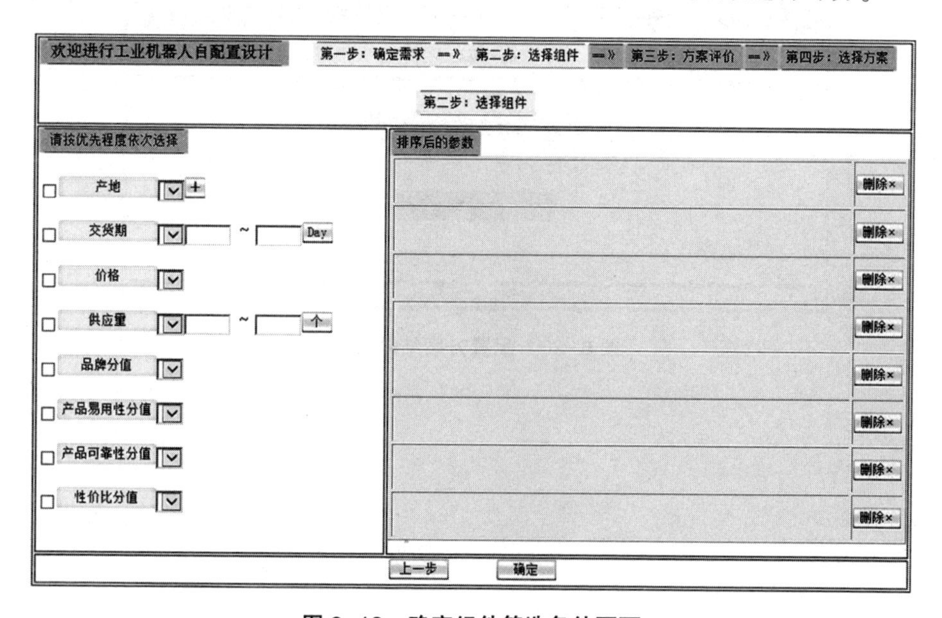

图 6-18 确定组件筛选条件页面

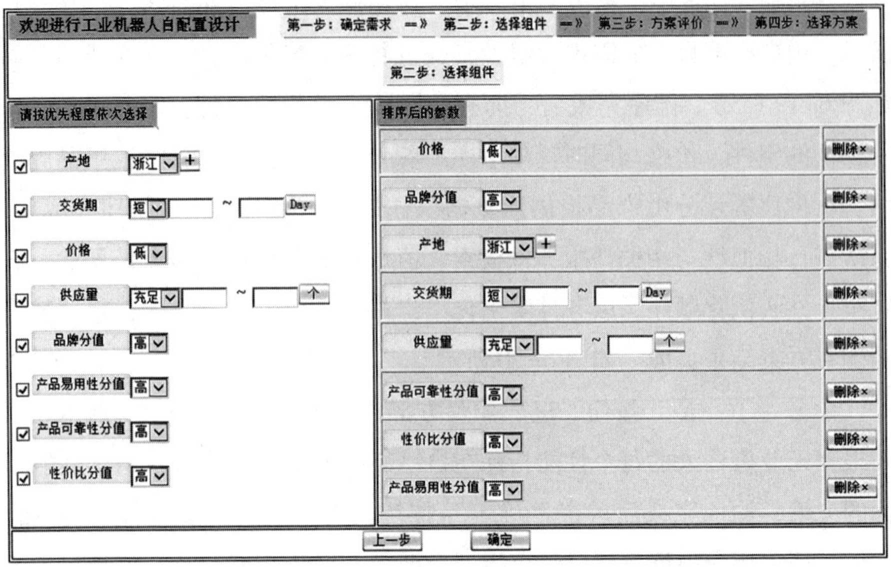

欢迎进行工业机器人自配置设计　第一步：确定需求 ==》 第二步：选择组件 ==》 第三步：方案评价 ==》 第四步：选择方案

第二步：选择组件

请按优先程度依次选择

- 产地 浙江 +
- 交货期 短 ~ Day
- 价格 低
- 供应量 充足 ~ 个
- 品牌分值 高
- 产品易用性分值 高
- 产品可靠性分值 高
- 性价比分值 高

排序后的参数

- 价格 低 删除×
- 品牌分值 高 删除×
- 产地 浙江 + 删除×
- 交货期 短 ~ Day 删除×
- 供应量 充足 ~ 个 删除×
- 产品可靠性分值 高 删除×
- 性价比分值 高 删除×
- 产品易用性分值 高 删除×

上一步　确定

图 6-19 组件参数优先程度排序完成页面

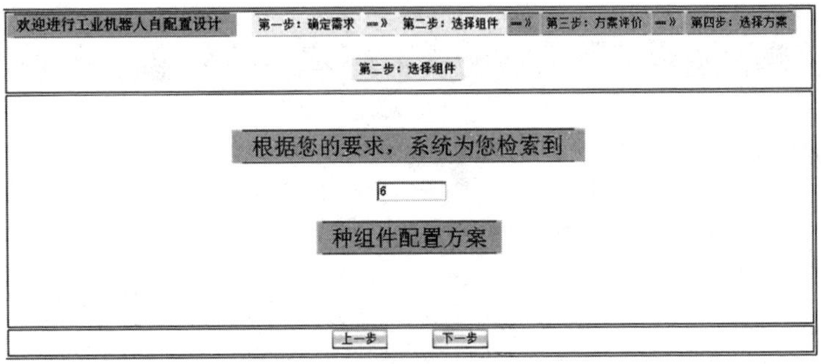

欢迎进行工业机器人自配置设计　第一步：确定需求 ==》 第二步：选择组件 ==》 第三步：方案评价 ==》 第四步：选择方案

第二步：选择组件

根据您的要求，系统为您检索到

6

种组件配置方案

上一步　下一步

图 6-20 配置方案结果页面

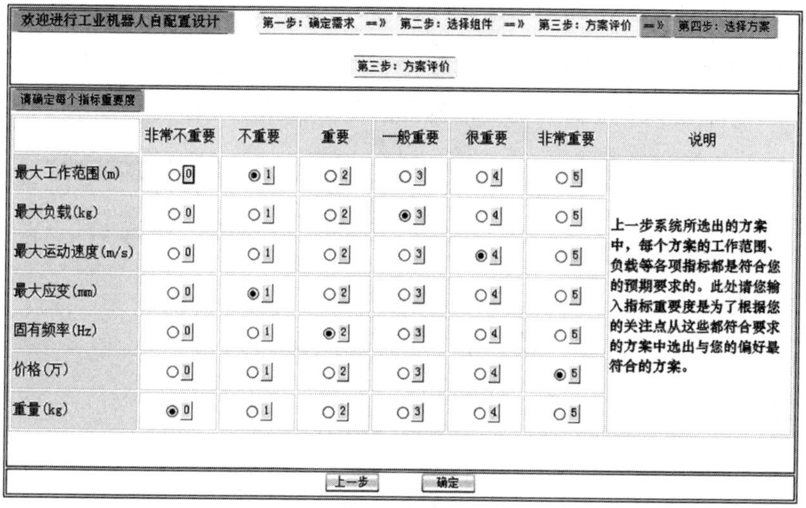

欢迎进行工业机器人自配置设计　第一步：确定需求 ==》 第二步：选择组件 ==》 第三步：方案评价 ==》 第四步：选择方案

第三步：方案评价

请确定每个指标重要度

	非常不重要	不重要	重要	一般重要	很重要	非常重要	说明
最大工作范围(m)	○0	◉1	○2	○3	○4	○5	上一步系统所选出的方案中，每个方案的工作范围、负载等各项指标都是符合您的预期要求的。此处请您输入指标重要度是为了根据您的关注点从这些都符合要求的方案中选出与您的偏好最符合的方案。
最大负载(kg)	○0	○1	○2	◉3	○4	○5	
最大运动速度(m/s)	○0	○1	○2	○3	◉4	○5	
最大应变(mm)	○0	◉1	○2	○3	○4	○5	
固有频率(Hz)	○0	○1	◉2	○3	○4	○5	
价格(万)	○0	○1	○2	○3	○4	◉5	
重量(kg)	◉0	○1	○2	○3	○4	○5	

上一步　确定

图6-21　配置方案评价页面

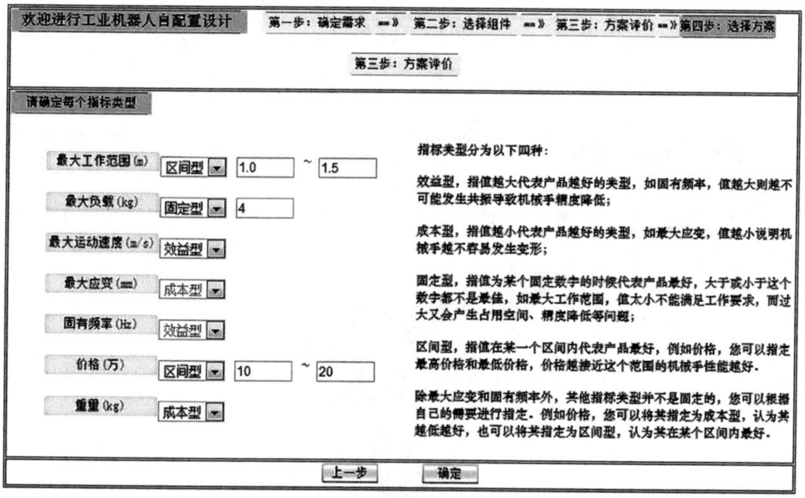

欢迎进行工业机器人自配置设计　第一步：确定需求 ==》 第二步：选择组件 ==》 第三步：方案评价 ==》 第四步：选择方案

第三步：方案评价

请确定每个指标类型

指标	类型	值
最大工作范围(m)	区间型	1.0 ~ 1.5
最大负载(kg)	固定型	4
最大运动速度(m/s)	效益型	
最大应变(mm)	成本型	
固有频率(Hz)	效益型	
价格(万)	区间型	10 ~ 20
重量(kg)	成本型	

指标类型分为以下四种：

效益型，指值越大代表产品越好的类型，如固有频率，值越大则越不可能发生共振导致机械手精度降低；

成本型，指值越小代表产品越好的类型，如最大应变，值越小说明机械手越不容易发生变形；

固定型，指值为某个固定数字的时候代表产品最好，大于或小于这个数字都不是最佳，如最大工作范围，值太小不能满足工作要求，而过大又会产生占用空间、精度降低等问题；

区间型，指值在某一个区间内代表产品最好，例如价格，您可以指定最高价格和最低价格，价格越接近这个范围的机械手性能越好。

除最大应变和固有频率外，其他指标类型并不是固定的，您可以根据自己的需要进行指定。例如价格，您可以将其指定为成本型，认为其越低越好，也可以将其指定为区间型，认为其在某个区间内最好。

上一步　确定

图6-22　确定性能指标类型页面

系统评分完成后，弹出如图6-23所示的页面，显示每个方案的最终得分及排序，用户选择得分最高的方案6作为最终配置结果，单击“确定”按钮，得到自配置结果页面如图6-24所示。该页面显示了自配置完成后的工业机器人三维实体图形，同时还可以进行以下操作：查看该方案的各项性能指标值，查看所有组件列表，直接下单订购，将该方案通过发布配置方案页面到平台上来供其他人查看或下载。单击“查看性能”按钮，弹出页面如图 6-25 所示，展示了该方案的运动速度、最大负载、价格、重量等指标值，还有通过 Simscape 模型仿真得到的工作空间图形，通过 ANSYS 模型仿真得到的主要结构件的变形云图及一阶振型图。

欢迎进行工业机器人自配置设计　第一步：确定需求 ==》 第二步：选择组件 ==》 第三步：方案评价 ==》 第四步：选择方案

第四步：选择方案

根据您的要求，系统评分结果为

	方案名	得分
□	方案1	0.681
□	方案2	0.633
□	方案3	0.897
□	方案4	0.769
□	方案5	0.514
☑	方案6	0.906

方案排序

方案6 > 方案3 > 方案4 > 方案1 > 方案2 > 方案5

上一步　确定

图 6-23　配置方案选择页面

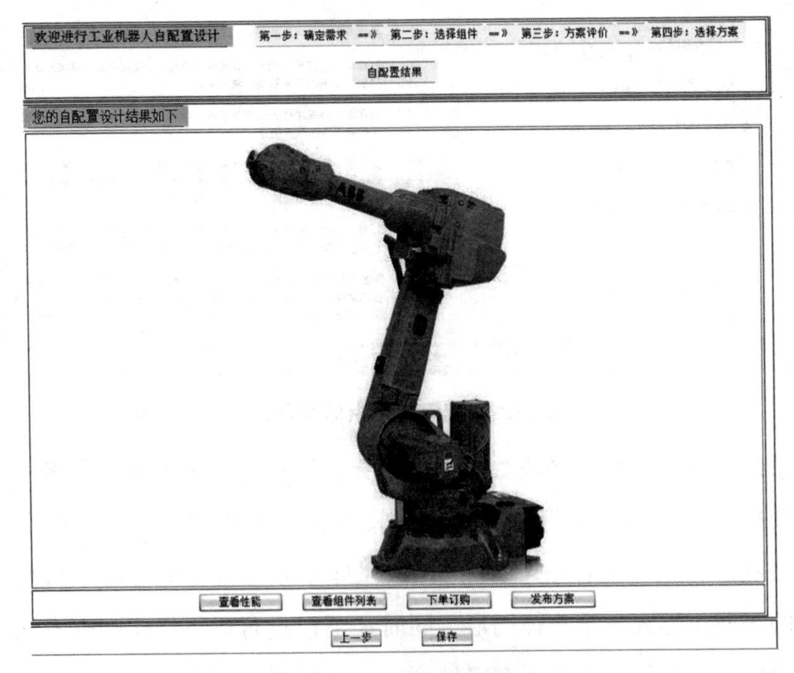

图 6-24　自配置结果页面

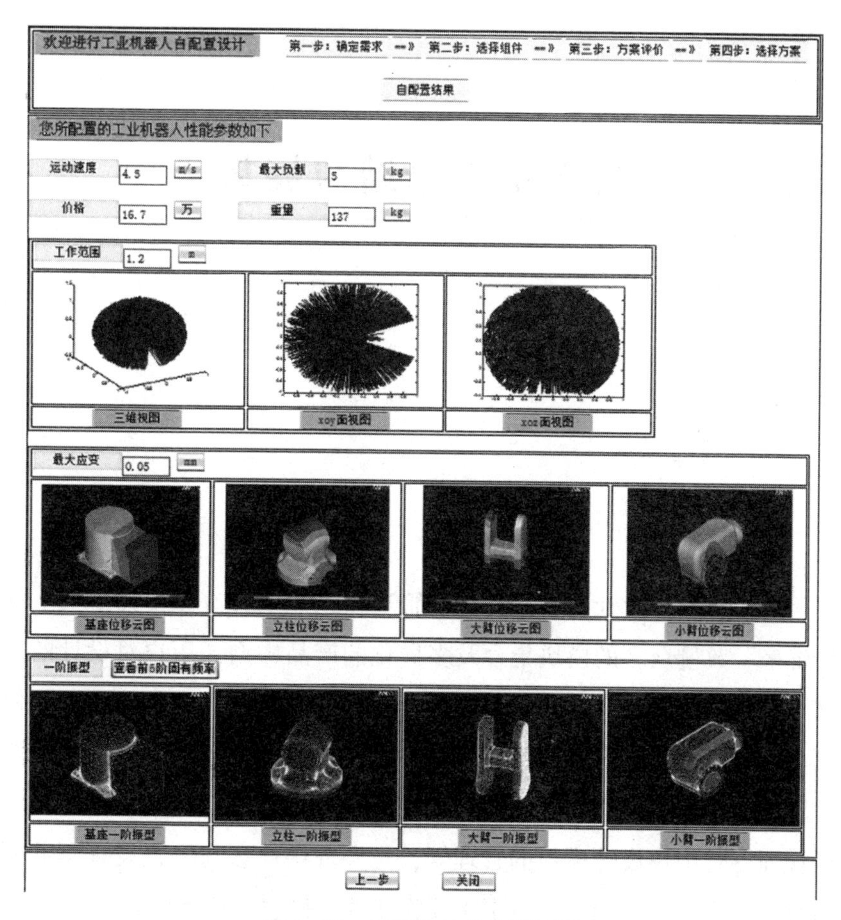

图 6-25　自配置结果性能页面

6.4　本章小结

在前面章节的研究基础上，本章对开放设计平台进行了原型系统设计。首先，进行了系统需求分析，包括通过用例图分析平台应提供的功能，通过基于角色的业务流程图分析不同角色在平台上进行业务操作的流程；其次，进行了系统设计，包括根据需求分析设计平台的功能模块，设计平台的物理配置方案，并在此基础上给出了整个设计平台的体系结构；最后，对平台主要页面进行设计，并介绍了其中的关键功能。

第7章　总结与展望

7.1 总结

用户参与配置设计及对设计进行管理在企业中具有重要的意义。配置设计带来了数量众多的模块集合及多样化的产品构型，用户对设计的参与带来了包括模块制造商、产品制造商、物流商等企业角色的改变。如何对用户参与配置设计进行管理，包括对产品技术状态的管理，对产品模块集合的管理，对产品供应商、模块制造商等企业的管理，对用户参与设计的流程管理，对用户设计模板的管理等，是实现用户参与配置设计所需要解决的问题。围绕这些问题，本书主要完成的工作包括以下内容。

（1）通过研究现状分析，确定研究方向。

对现有的模块化设计、产品族设计、配置设计、可重构机器人、软件的面向对象设计及组件设计、基于本体的知识表示等研究现状进行了总结。通过分析现有研究存在的不足及以后的研究趋势，找出了研究方向。

（2）提出用户自定制配置设计模式。

首先，通过对目前存在的设计方法的分析，说明为什么会提出该模式，并介绍了与该模式相关的理论基础。其次，给出了用户自定制配置设计模式的定义及相关概念，包括可配置产品、组件、服务件、用户、自定制配置设计、设计平台等，并对这些概念进行了明确的界定；根据商业模式要素给出了与用户自定制配置设计模式相应的商业模式，包括商业模式中用户、组件制造商、产品提供商、设计平台等各参与方的作用，商业模式所创造的用户价值及商业模式的盈利方法；通过该商业模式，更多企业能够参与到设计与制造工程中，同时也减少了设计迭代，能够促进工业机器人产业的快速发展。然后，指出实现该模式的关键技术为平台技术，给出了用户使用平台进行设计的场景及设计过程的技术状态管理方法。最后，以工业机器人产业进行用户自定制配置设计为例进行了需求分析，通过案例分析介绍工业机器人产业进行用户自定制配置设计的必要性、优势及关键技术。

（3）将现实世界中组成产品的构成要素进行组件化的描述，使其能够在计算机中存储，为用户自定制配置设计提供数据基础。

研究了组件化的理论与方法，包括事物的形式化描述、本体表示、组件化与服务化描述。以此为基础，建立了产品零部件的组件化描述模型，并将模型统一为服务件。服务件包括本体面、对象面、商业面，本体面为高效准确的检索服务件提供帮助，对象面为设计过程中使用服务件提供帮助，商业面为平台管理服务件提供帮助。阐述了服务件的形成过程，设计者上传服务件对象或者组件制造商上传组件都可以经过抽象成为服务件。详细介绍了服务件的属性值域、属性、扩展约束条件 3 个层面的扩展机制，提出了服务件的对象实例化和组件实例化概念，将现实世界中的组件与抽象思维中的对象统一到服务件中，通过对象实例化与组件实例化为用户提供设计支持。最后以工业机器人为例进行了组件的建模，首先利用 protégé 建立了工业机器人领域本体，然后对工业机器人的服务件描述方法、实例化过程及扩展方法进行了举例说明，实例表明服务件可以对工业机器人的多领域组件进行全面的表达。

（4）给出了自配置模板的构成要素，并构建了工业机器人的自配置模板。

首先，给出了产品自配置模板的 4 个构成要素，包括结构树视图、外部视图、内部约束集合和外部参数接口集合。其中，结构树视图清晰地展示了产品自配置模板的组成；外部视图与实际产品的外观类似，不同的产品类型具有不同类型的外部视图，该视图能够很快被用户理解并使用；内部约束集合保证了最终配置结果的可行性；外部参数接口集合提供了模板与用户及其他模型交互的接口。其次，详细阐述了工业机器人自配置模板的构成，包括模板的外部视图建立过程，模板与 Simscape 模型、ANSYS 模型的交互过程等。最后，通过案例分析给出了自配置模板的使用过程，结果表明自配置模板能够为用户提供良好的视图界面，用户可以通过简单的参数输入得到最终的产品性能参数。

（5）对用户使用设计平台进行自定制配置设计的内部算法进行了研究。

首先，分析了用户使用平台进行自定制配置设计的流程，该流程分别指出了用户需要进行的操作、平台需要完成的处理任务及平台需要调用的数据库与模型。其次，对设计流程中平台需要实现的内部算法进行了阐述，包括处理用户的模糊需求，通过服务件的 On 值进行基于本体相似度与相关度的服务件检索，通过服务件的 Ob 值进行服务件的筛选，对服务件进行赋值使其成为服务件对象，通过服务件的 Ma 值进行服务件对象的筛选，通过简单加权多属性决策方法对最终配置方案进行评价打分。最后，对用户的自定制配置设计内部算法进行了实例分析，从分析结果可以看出整个流程中的所有算法实现了以用户为主导，用户在自定制配置设计的过程中始终对配置的方向具有决定权，同时尽可能地简化用户的工作步骤，大部分计算工作都由设计平台完成，使用户通过很少的操作便可以快速得到符合自身偏好的产品。

（6）针对理论研究基础设计了产品设计平台的原型系统。

首先，进行了系统需求分析，包括通过用例图分析平台所需提供的功能，通过基于角色的业务流程图分析设计者、用户、组件提供商、产品提供商、产品物流商在平台上进行业务操作的流程。其次，进行了系统设计，其主要内容一是根据需求分析设计平台的主要功能模块，包括发布组件与产品、发布服务件与配置方案、展示所发布内容、进行自定制配置设计；二是设计平台的物理配置方案，选择开发平台所用的软硬件和数据库，并在此基础上给出了整个设计平台的体系结构。最后，以需求分析与系统设计为基础，对平台的主要页面进行了设计，为下一步系统开发提供指导。

7.2　主要创新点

本书主要创新点包括以下几点。

（1）提出了产品的用户自定制配置设计模式，其核心是由用户自己完成产品的设计工作，给出了与该模式相适应的商业模式与平台技术。该模式能够在保证产品组件批量生产的前提下实现用户完全定制。

（2）基于面向对象与本体思想提出服务件概念，服务件实例化同时包含对象实例化与组件实例化，实例化结果分别为抽象的服务件对象与现实世界中的组件。作为产品组件的表达标准，服务件既是用户自定制配置设计过程的基础，也是组件上传到产品平台的发布标准，保证了用户自定制配置设计的灵活性与平台的开放性。

（3）建立用户自配置模板，该模板可将用户需求转化为对服务件的约束，作为从数据库中检索服务件的依据，同时将最终自配置结果即产品以可视化的形式呈现出来，同时给出通过仿真得到的产品各项性能参数。

（4）给出了用户使用设计平台进行自定制配置设计的内部算法。该算法以用户自定制配置设计的流程为依据，按照处理用户需求、服务件配置、方案评价的顺序为设计过程提供支持。平台通过该算法能够快速得到满足用户需求的产品。

7.3　工作展望

在配置设计理论与实践不断发展的背景下，用户参与设计是必然的趋势。目前很多产品已经实现了高度的模块化，如何使用户能够利用这些模块快速设计出符合自己需求的产品是亟待解决的问题。针对这一问题，本书对用户参与产品设计的方法和可能性进行了研究，但限于时间与能力，仍有很多问题需要解决，主要包括以下几点。

（1）本书只针对产品的硬件配置进行了研究，但对于多数机电一体化的产品来说，控制系统也是决定产品性能的重要方面，只有有了控制系统，产品才能真正动起来。如今组态软件日趋成熟，如何进行产品控制系统的配置是下一步需要研究的问题。

（2）本书所用自配置模板需要通过 Simscape、ANSYS 等软件进行模型数据的计算与仿真，并将仿真结果返回自配置模板中，但目前仿真仍然是通过人工输入数据进行的，下一步需要针对所用的软件进行二次开发，使平台能够与软件之间实现后台数据传输从而自动返回仿真结果。

（3）本书最后的原型系统只设计了最核心的服务件与产品发布、自配置设计等功能，其他功能如下订单、产品评分等，还需要进一步完善。

参考文献

[1] 康文科，崔新. 浅谈设计管理对企业的重要性 [J]. 西北工业大学学报（社会科学版），2001，21（1）：52-53.

[2] R S M LAU. Mass customization：the next industrial revolution [J]. Industrial Management，1995，37（5）：18-19.

[3] A JONEJA，N S LEE. Automated configuration of parametric feeding tools for mass customization [J]. Computers and Industrial Engineering，1998，35：463-469.

[4] J KGERSHENSON，G JPRASAD，Y ZHANG. Product modularity：definitions and benefits [J]. Journal of Engineering Design，2003，14（3）：295-313.

[5] M PERSSON，P A HLSTROM. Managerial issues in modularising complex products [J]. Technovation，2006，（26）：1201-1209.

[6] J KGERSHENSON，G JPRASAD，Y ZHANG. Product modularity：measures and design methods [J]. Journal of Engineering Design，2004，15（1）：33-51.

[7] S W HSIAO，Y C KO，C H LO，et al. An ISM，DEI，and ANP based approach for product family development [J]. Advanced Engineering Informatics，2013，27（1）：131-148.

[8] 程强，刘志峰，蔡力钢，等. 基于公理设计的产品平台规划方法 [J]. 计算机集成制造系统，2010，16（8）：1587-1596.

[9] 王爱民，孟明辰，黄靖远. 基于设计结构矩阵的模块化产品族设计方法研究 [J]. 计算机集成制造系统，2003，9 (3)：215-218.

[10] 汪文旦，秦现生，阎秀天，等. 一种可视化设计结构矩阵的产品设计模块化识别方法 [J]. 计算机集成制造系统，2007，13 (12)：2345-2349.

[11] 王海军，孙宝元，魏小鹏. 基于模糊聚类的产品模块化形成过程分析 [J]. 计算机集成制造系统，2003，9：123-126.

[12] 龚京忠，邱静，李国喜，等. 产品模块可拓变型设计方法 [J]. 计算机集成制造系统，2008，14 (7)：1256-1268.

[13] Y UMEDA，S FUKUSHIGE，K TONOIKE，et al. Product modularity for life cycle design [J]. CIRP Annals - Manufacturing Technology，2008，(57)：13-16.

[14] C C HUANG，W Y LIANG，H F CHUANG，et al. A novel approach to product modularity and product disassembly with the consideration of 3R-abilities [J]. Computers & Industrial Engineering，2012，(62)：96-107.

[15] 谌炎辉，周德俭，袁海英，等. 复杂产品的最小最大划分模块化方法 [J]. 计算机集成制造系统，2012，18 (1)：9-15.

[16] V BKRENG，T LEE. Modular product design with grouping genetic algorithm-a case study [J]. Computers & Industrial Engineering，2004，(46)：443-460.

[17] S YU，Q YANG，J TAO，et al. Product modular design incorporating life cycle issues-Group Genetic Algorithm (GGA) based method [J]. Journal of Cleaner Production，2011，(19)：1016-1032.

[18] H E TSENG，C C CHANG，J D LI. Modular design to support green life-cycle engineering [J]. Expert Systems with Applications，2008，(34)：2524-2537.

[19] 王海军，王吉军，孙宝元，等. 基于核心平台的模块化产品族优化设计 [J]. 计算机集成制造系统，2005，11 (2)：162-168.

[20] 王海军，孙宝元，王吉军，等. 面向大规模定制的产品模块化设计方法 [J]. 计算机集成制造系统，2004，10 (10)：1171-1177.

[21] M HMEYER，A PLEHNERD. The power of product platforms：building

value and cost leadership [M]. New York, Simon & Schuster Ltd, 1997.

[22] T ALGEDDAWY, H ELMARAGHY. Design methodology for product family platforms, modularity and parts integration [J]. CIRP Journal of Manufacturing Science and Technology, 2012, 2013, 6 (1): 34-43.

[23] K R ALLEN, S C SKALAK. Defining product architecture during conceptual design [C]. ASME Proceedings of the Design Engineering Technical Conference, September 13-16, 1998, Atlanta, USA.

[24] 侯亮, 唐任仲, 徐燕申. 产品模块化设计理论、技术与应用研究进展 [J]. 机械工程学报, 2004, 40 (1): 56-62.

[25] N A ZACHARIAS, A A YASSINE. Optimal platform investment for product family design [J]. Journal of Intelligent Manufacturing, 2008, 19 (2): 131-148.

[26] S L CHEN, R J JIAO, M M TSENG. Evolutionary product line design balancing customer needs and product commonality [J]. CIRP Annals-Manufacturing Technology, 2009, 58: 123-126.

[27] K FUJITA, H YOSHIDA. Product variety optimization simultaneously designing module combination and module attributes [J]. Concurrent Engineering Research and Applications, 2004, 12: 105-118.

[28] Z H DAI, M J SCOTT. Effective product family design using preference aggregation [J]. Transactions of the ASME Journal of Mechanical Design, 2006, 128: 659-667.

[29] J X JIAO, M M TSENG, V G DUFFY, et al. Product family modeling for customization [J]. Computers industry engineering, 1998, 35: 495-498.

[30] 黄辉, 梁工谦, 隋海燕. 大规模定制产品族设计中的原理聚类研究 [J]. 管理工程学报, 2008, 22 (3): 110-115.

[31] Y P LUH, C H CHU, C C PAN. Data management of green product development with generic modularized product architecture [J]. Computers in Industry, 2010, 61 (3): 223-234.

[32] J B DAHMUS, J P GONZALEZ-ZUGASTI, K N OTTO. Modular product architecture [J]. Design Studies, 2001, 22 (5): 409-424.

[33] 王世伟，谭建荣，张树有，等. 基于 GBOM 的产品配置研究 [J]. 计算机辅助设计与图形学学报，2004，16 (5)：655-660.

[34] 但斌，冯韬. 基于 GBOM 的产品族结构模型和配置方法 [J]. 管理学报，2005，2 (4)：422-426.

[35] 朱上上，罗仕鉴，应放天，等. 支持产品视觉识别的产品族设计 DNA [J]. 浙江大学学报（工学版），2010，44 (4)：715-722.

[36] D B SOUZA, T W SIMPSON. A genetic algorithm based method for product family design Optimization [J]. Engineering Optimization, 2003, 35 (1): 1-18.

[37] K FUJITA. Product variety optimization under modular architecture [J]. Computer-Aided Design, 2002, 34 (12): 953-965.

[38] 王克喜，袁际军，陈为民，等. 单平台下参数化产品族设计的两阶段智能优化算法 [J]. 中国机械工程，2011，22 (17)：2097-2106.

[39] 雒兴刚，蔡莉青，C K KWONG. 产品族设计的多目标优化方法 [J]. 计算机集成制造系统，2011，17 (7)：1345-1356.

[40] W WEI, Y X FENG, J R TAN, et al. Product platform two-stage quality optimization design based on multi objective genetic algorithm [J]. Computers and Mathematics with Applications, 2009, (57): 1929-1937.

[41] 聂涌，殷国富，赵秀粉. 基于群体遗传进化机制的产品族设计 [J]. 西南交通大学学报，2012，47 (3)：526-533.

[42] 华尔天，肖军军，刘科红，等. 一种基于模糊聚类和粗糙集的产品族设计知识约简方法 [J]. 计算机应用研究，2011，28 (11)：4064-4067.

[43] B AGARD, B PENZ. Simulated annealing method based on a clustering approach to determine bills of materials for a large product family [J]. International journal of Production Economics, 2009, (117): 389-401.

[44] T ALGEDDAWY, H ELMARAGHY. Reactive design methodology for

product family platforms, modularity and parts integration [J]. CIRP Journal of Manufacturing Science and Technology, 2013, 6 (1): 34-43.

[45] J MCDERMOTT. R1: A rule-based configurer of computer systems [J]. Artificial Intelligence, 1982, 19 (1): 39-88.

[46] S MITTAL, F FRAYMAN. Towards a Generic Model of Configuration Task [C]. International Joint Conference on Artificial Intelligence, august 20-25, 1989, Detroit, USA.

[47] A TRENTIN, E PERIN, C FORZA. Overcoming the customization-responsiveness squeeze by using product configurators: beyond anecdotal evidence [J]. Computers in Industry, 2011, 62: 260-268.

[48] T ASIKAINEN, T M NNIST, T SOININEN. In Proceedings of Software Variability Management for Product Derivation-Towards Tool Support at International Workshop of SPLC: Using a configurator for modelling and configuring software product lines based onfeature models [R]. Berlin Heidelberg: Springer-Verlag, 2004.

[49] L HVAM, K LADEBY. An approach for the development of visual configuration systems [J]. Computers & Industrial Engineering, 2007, 53: 401-419.

[50] S MYUNG, S HAN. Knowledge-based parametric design of mechanical products based on configuration design method [J]. Expert Systems with Applications, 2001, 21: 99-107.

[51] T W CARNDUFF, J S GOONETILLAKE. Configuration management in evolutionary engineering design using versioning and integrity constraints [J]. Advances in Engineering Software, 2004, 35: 161-177.

[52] G LI PENG, G D WANG, W J LIU, et al. A desktop virtual reality-based interactive modular fixture configuration design system [J]. Computer-Aided Design, 2010, 42 : 432-444.

[53] S W HSIAO, E LIU. A structural component-based approach for designing product family [J]. Computers in Industry, 2005, (56): 13-28.

[54] X F ZHA, R D SRIRAM. Platform-based product design and development: a knowledge-intensive support approach [J]. Knowledge-Based Systems, 2006, (19): 524-543.

[55] E OSTROSI, A J FOUGèRES. Optimization of product configuration assisted by fuzzy agents [J]. International Journal on Interactive Design and Manufacturing, 2011, (5): 29-44.

[56] H S WANG, Z H CHE, M J WANG. A three-phase integrated model for product configuration change problems [J]. Expert Systems with Applications, 2009, (36): 5491-5509.

[57] H E TSENG, C C CHANG, S H CHANG. Applying case-based reasoning for product configuration in mass customization environments [J]. Expert Systems with Applications, 2005, 29 (4): 913-925.

[58] Y W ZHAO, F ZHANG, M Y ZHANG, et al. Extension case-based reasoning for product configuration design [J]. Advanced Materials Research, 2009, 69-70: 616-620.

[59] F S ZENG, Y JIN. Study on product configuration based on product model [J]. International Journal of Advanced Manufacturing Technology, 2007, 33: 766-771.

[60] G HONG, D Y XUE, Y L TU. Rapid identification of the optimal product configuration and its parameters based on customer-centric product modeling for one-of-a-kind production [J]. Computers in Industry, 2010, 61: 270-279.

[61] A HAUG, L HVAM, NI H MORTENSEN. A layout technique for class diagrams to be used in product configuration projects [J]. Computers in Industry, 2010, 61: 409-418.

[62] F SALVADORA, C FORZA. Configuring products to address the customization responsiveness squeeze: a survey of management issues and opportunities [J]. International Journal of Production Economics, 2004, 91: 273-291.

[63] E OSTROSI, A J FOUGèRES, M FERNEY. Fuzzy agents for product configuration in collaborative and distributed design process [J]. Applied Soft Computing, 2012, 12 (8): 2091-2105.

[64] T WSIMPSON, J X JIAO, Z SIDDIQUE, et al. Advances in product family and product platform design: methods and applications [M]. New York: Springer New York, 2014.

[65] T RANDALL, C TERWIESCH, K T ULRICH. Principles for user design of customized products [J]. California Management Review, 2005, 47 (4): 68-85.

[66] J X JIAO, M GHELANDER. Development of an electronic configure-to-order platform for customized product development [J]. Computers in Industry, 2006, 57: 231-244.

[67] 朱芸，陈心昭，张利，等．客户驱动的广义产品配置模型研究 [J]. 中国机械工程，2005，16 (33)：1175-1179.

[68] 张萌，李国喜，龚京忠，等．基于有序树的产品快速配置设计技术 [J]. 计算机集成制造系统，2010，16 (11)：2333-2340.

[69] 覃燕红，但斌，张旭梅．基于模块化产品族与客户需求转化的产品配置 [J]. 工业工程与管理，2008，(1)：21-26.

[70] 陆长明，张立彬，蒋建东等．基于设计模板的产品快速配置设计方法研究 [J]. 计算机集成制造系统，2009，15 (3)：425-430.

[71] A FAINA, F ORJALES, F BELLAS. First steps towards a heterogeneous modular robotic architecture for Intelligent Industrial Operation [C]. IEEE/RSJ International Conference on Intelligent Robots and Systems, September 25-30, 2011, San Francisco, USA.

[72] M PACHECO, M MOGHADAM, A MAGNUSSON, et al. Fable: design of a modular robotic playware platform [C]. IEEE International Conference on Robotics and Automation (ICRA), May 6-10, 2013, Karlsruhe, Germany.

[73] D SCHMITZ, P KHOSLA, T KANADE. The CMU reconfigurable

modular manipulator system [C]. Proceeding of the International Symposium and Exposition on Robots, November 6-10, 1988, Sydney, Australia.

[74] M R LIU, D L TAN, B LI. Status and development of reconfiguration modular robots [J]. Robot, 2001, 23 (3): 275-279.

[75] 王兵，蒋纂．模块化重构机器人技术的现状与发展综述 [J]. 机电工程，2008，25 (5): 1-4.

[76] H Y K LAU, A W Y KO, T L LAU. The design of a representation and analysis method for modular self-reconfigurable robots [J]. Robotics and Computer-Integrated Manufacturing, 2008, (24): 258-269.

[77] W J ZHANG, S N LIU, Q LI. Data/knowledge representation of modular robot and its working environment [J]. Robotics and Computer Integrated Manufacturing, 2000, (16): 143-159.

[78] M FUJITA, H KITANO, K KAGEYAMA. A Reconfigurable Robot Platform [J]. Robotics and autonomous Systerns, 1999: 119-132.

[79] T MATSUMARU. Design and Control of the Modular Robot System: TOMMS [J]. Robotics&Automation, 1995: 2125-2131.

[80] H AHMADZADEH, E MASEHIAN. A fluid dynamics approach for self-reconfiguration planning of modular robots [C]. IEEE RSI/ISM International Conference on Robotics and Mechatronics, July 20-21, 2015, Madrid, Spain.

[81] Z M BI, W J ZHANG. Concurrent optimal design of modular robotic configuration [J]. Journal of Robotic Systems, 2001, 18 (2): 77-87.

[82] BACA, M FERRE, R ARACIL. A heterogeneous modular robotic design for fast response to a diversity of tasks [J]. Robotics and Autonomous Systems, 2012, (60): 522-531.

[83] M TARKIAN, J LVANDER, X L FENG. Design automation of modular industrial robots [C]. International Design Engineering Technical Conferences and Computers and Information in Engineering Conference,

August 30-September 2, 2009, San Diego, USA.

[84] H SADJADI, O MOHARERI, M A A JARRAH, et al. Design and implementation of HexBot: A modular self-reconfigurable robotic system [J]. Journal of the Franklin Institute, 2012, 349 (7): 2281-2293.

[85] S V SHAH, S K SAHA, J K DUTT. Modular framework for dynamic modeling and analyses of legged robots [J]. Mechanism and Machine Theory, 2012, (49): 234-255.

[86] Z M BI, W A GRUVERB., W J ZHANG, et al. Automated modeling of modular robotic configurations [J]. Robotics and Autonomous Systems, 2006, (54): 1015-1025.

[87] 魏延辉, 赵杰, 高延滨, 等. 一种可重构机器人运动学求解方法 [J]. 哈尔滨工业大学学报, 2010, 42 (1): 133-138.

[88] 任宗伟, 朱延河, 赵杰, 等. 基于 “风车” 形子单元的自重构机器人运动及自重构规划 [J]. 哈尔滨工程大学学报, 2009, 30 (4): 436-441.

[89] B SALEMI, M MOLL, W M SHEN. SUPERBOT: A deployable, multi—functional, and modular se1f reconfigurable robotic system [C]. IEEE/RSJ International Conference on Intelligent Robots and Systems, October 10-13, 2006, Piscataway, USA.

[90] R MOECKEL, C JAQUIER, K DRAPEL, et al. Exploring adaptive locomotion with YaMoR-a novel autonomous modular robot with Bluetooth interface [J]. Journal of Industrial Robot, 2006, 33 (4): 285-290.

[91] 赵杰, 唐术锋, 朱延河, 等. UBot 自重构机器人拓扑描述方法 [J]. 哈尔滨工业大学学报, 2011, 43 (1): 46-50.

[92] H X WEI, Y D CHEN, J D TAN, et al. Sambot: A self-assembly modular robot system [J]. IEEE/ASME Transactions on Mechatronics, 2011, 16 (4): 745-757.

[93] 费燕琼, 夏振兴, 夏平. 自重构机器人的基本模块结构设计与分析 [J]. 中国机械工程, 2007, 18 (9): 1085-1089.

[94] N PLITEA, D LESE, D PISLA, et al. Structural design and kinematics

of a new parallel reconfigurable robot [J]. Robotics and Computer-Integrated Manufacturing, 2013, (29): 219-235.

[95] A LYDER, R F M GARCIA, K STOY. Mechanical design of odin, an extendable heterogeneous deformable modular robot [C]. IEEE/RSJ International Conference on Intelligent Robots and Systems, September 22-26, 2008, Nice, France.

[96] 孙英飞, 罗爱华. 我国工业机器人发展研究 [J]. 科学技术与工程, 2012, 12: 2912-2918.

[97] 赵红, 黄斌. 从系统论看面向对象设计方法 [J]. 系统科学学报, 2007, 02: 40-42.

[98] 唐胜群, 唐涛周. 软件体系结构与组件软件工程 [J]. 计算机工程, 1998, 24 (8): 32-35.

[99] M AKERHOLM, J CARLSON, J FREDRIKSSON, et al. The SAVE approach to component-based development of vehicular systems [J]. The Journal of Systems and Software, 2007, (80): 655-667.

[100] 牛德力, 门葆红, 西勤. 组件式软件及其在 GIS 开发中的应用 [J]. 测绘学院学报, 2000, 17 (4): 265-268.

[101] I CRNKOVIC, M LARSSON. Challenges of component-based development [J]. The Journal of Systems and Software, 2002, (61): 201-212.

[102] T WIJAYASIRIWARDHANE, R LAI. Component Point: a system-level size measure for component-based software systems [J]. The Journal of Systems and Software, 2010, (83): 2456-2470.

[103] P L MARTíNEZ, L BARROS, J M DRAKE. DRAKE. Design of component-based real-time applications [J]. The Journal of Systems and Software, 2012, 2013, 86 (2): 449-467.

[104] C TOGAY, A H DOGRU, J U TANIK. Systematic Component-Oriented development with Axiomatic Design [J]. Journal of Systems and Software, 2008, 81 (11): 1803-1815.

[105] S M HUANG, C F TSAI, P C HUANG. Component based software version

management based on a component-Interface dependency matrix [J]. The Journal of Systems and Software, 2009, (82): 382-399.

[106] M ABDELLATIEF, A B M SULTAN, A A A GHANI, et al. A mapping study to investigate component-based software system metrics [J]. The Journal of Systems and Software, 2012, in press.

[107] S ISMAIL, W W KADIR, Y M SAMAN, et al. A review on the component evaluation approaches to support software reuse [C]. International Symposium on Information Technology, August 26-28, 2008, Giza, Egypt.

[108] S KALAIMAGAL, R SRINIVASAN. A retrospective on software component quality models [J]. ACM SIGSOFT Software Engineering Notes, 2008, 33 (6): 1-10.

[109] 杨亚罗，王润孝，库祥臣，等．组态概念发展的新趋势 [J]．计算机应用研究，2006，(9)：13-18.

[110] 白晶．数控装备模块化配置设计关键技术研究 [D]．西安：西北工业大学，2010.

[111] 石良荣．现场总线和组态软件技术在污水处理项目的应用 [J]．工业控制计算机，2006，23 (3)：90-91.

[112] 蒋兴加．基于 WINCC、KINGVIEW 与 S7-300PLC 的以太网组态 [J]．自动化应用，2011，(2)：38-39.

[113] 胡浩民，王泽杰．基于分布式控制的实时监控系统设计与应用 [J]．上海工程技术大学学报，2010，24 (4)：342-345.

[114] B LI, Y F ZHOU, X Q TANG. A research on open CNC system based on architecture/component software reuse technology [J]. Computers in Industry, 2004, (55): 73-85.

[115] J R CONWAY, C A ERNESTO, R T FAROUKI. FAROUKI, et al. Performance analysis of cross-coupled controllers for CNC machines based upon precise real-time contour error measurement [J]. International Journal of Machine Tools & Manufacture, 2012, (52): 30-39.

[116] M MINHAT, V VYATKIN, X XU, S WONG, et al. A novel open

CNC architecture based on STEP - NC data model and IEC 61499 function blocks [J]. Robotics and Computer-Integrated Manufacturing, 2009, (25): 560-569.

[117] W K SONG, G W, J L XIAO, et al. Research on multi-robot open architecture of an intelligent CNC system based on parameter-driven technology [J]. Robotics and Computer-Integrated Manufacturing, 2012, (28): 326-333.

[118] Y Z WANG, Y LIU, Z Y HAN, et al. Integration of a 5-axis spline interpolation controller in an open CNC system [J]. Chinese Journal of Aeronautics, 2009, (22): 218-224.

[119] 石宏，蔡光起，史家顺. 开放式数控系统的现状与发展 [J]. 机械制造，2005，06：18-21.

[120] 曾山，胡天璇，江建民. 浅谈设计管理 [J]. 江南大学学报（人文社会科学版），2002，1（1）：103-105.

[121] 许勇顺，黄瑞清，阮雪榆. 应用软件工程学方法开发智能注塑模CAD/CAM系统 [J]. 模具技术，1997，(6)：10-17.

[122] N SINGH. Integrated product and process design: a multi-objective modeling framework [J]. Robotics and Computer Integrated Manufacturing, 2002, 18: 157-168.

[123] T A ROEMER, R AHMADI. Models for concurrent product and process design [J]. European Journal of Operational Research, 2010, 203: 601-613.

[124] M C LIN, C C WANG, M S CHEN, et al. Using AHP and TOPSIS approaches in customer-driven product design process [J]. Computers in Industry, 2008, 59: 17-31.

[125] 檀润华，苑彩云，张瑞红，等. 基于技术进化的产品设计过程研究 [J]. 机械工程学报，2002，38（12）：60-65.

[126] 黄洪钟，刘伟，李丽. 产品协同设计过程建模研究 [J]. 计算机集成制造系统，2003，9（11）：955-959.

[127] S M HOU, W ZHAO, C P TANG. Research on process management of product collaborative design [C]. Control and Decision Conference, May 26-28, 2010, Xuzhou, China.

[128] 汤廷孝，廖文和，黄翔，等. 产品设计过程建模及重组 [J]. 华南理工大学学报，2006，34（2）：41-46.

[129] 李玉良，潘双夏. 面向产品自顶向下设计进程的集成协同决策 [J]. 机械工程学报，2007，43（6）：154-163.

[130] S R GORTI, A GUPTA, G J KIM, et al. An object-oriented representation for product and design processes [J]. Computer-Aided Design, 1998, 30 (7): 489-501.

[131] S GONNET, G HENNING, H LEONE. A model for capturing and representing the engineering design process [J]. Expert Systems with Applications, 2007, 33: 881-902.

[132] D G ULLMAN. Toward the ideal mechanical engineering design support system [J]. Research in Engineering Design, 2002, 13: 55-64.

[133] S W HSIAO, J R CHOU. A creativity-based design process for innovative product design [J]. International Journal of Industrial Ergonomics, 2004, 34: 421-443.

[134] D YANG, R MIAO, H W WU, et al. Product configuration knowledge modeling using ontology web language [J]. Expert Systems with Applications, 2009, 36: 4399-4411.

[135] 谭建荣，李涛，戴若夷. 支持大批量定制的产品配置设计系统的研究 [J]. 计算机辅助设计与图形学学报，2003，15（8）：931-937.

[136] 高鹏，林兰芬，蔡铭，等. 基于本体映射的产品配置模型自动获取 [J]. 计算机集成制造系统，2003，9（9）：810-816.

[137] 徐剑，裘乐淼，张树有. 知识反馈的递进式产品配置设计技术 [J]. 计算机集成制造系统，2011，06：1135-1143.

[138] 董建峰，代风，白福友，等. 基于 Web 2.0 的产品配置知识管理 [J]. 机电工程，2011，28（5）：509-515.

[139] 纪杨建，祁国宁，顾巧祥．机械产品配置知识自适应方法研究［J］．浙江大学学报（工学版），2006，04：560-566.

[140] 章宁，王天梅，许海曦，等．电子商务模式研究［J］．中央财经大学学报，2004，(2)：68-70.

[141] R G JAVALGI，K D HALL，S T CAVUSGIL. Corporate entrepreneurship，customer-oriented selling，absorptive capacity，and international sales performance in the international B2B setting：Conceptual framework and research propositions［J］. International Business Review，2014，(23)：1193-1202.

[142] W G QU，A PINSONNEAULT，D TOMIUK，et al. The impacts of social trust on open and closed B2B e-commerce：a europe-based study［J］. Information & Management，2015，52 (2)：151-159.

[143] A HADJIKHANI，P LAPLACA. Development of B2B marketing theory［J］. Industrial Marketing Management，2013，(42)：294-305.

[144] S LEEK，G CHRISTODOULIDES. A literature review and future agenda for B2B branding：Challenges of branding in a B2B context［J］. Industrial Marketing Management，2011，(40)：830-837.

[145] K B TAY，J CHELLIAH. Disintermediation of traditional chemical intermediary roles in the electronic Business-to-Business (e-B2B) exchange world［J］. Journal of Strategic Information Systems，2011，(20)：217-231.

[146] 张波．O2O：移动互联网时代的商业革命［M］．北京：机械工业出版社，2013.

[147] D GREWAL，R JANAKIRAMAN，K KALYANAM，et al. Strategic online and offline retail pricing：A review and research agenda［J］. Journal of Interactive Marketing，2010，(24)：138-154.

[148] D SCARPI，G PIZZI，M VISENTIN. Shopping for fun or shopping to buy：is it different online and offline?［J］. Journal of Retailing and Consumer Services，2014，(21)：258-267.

[149] 徐人平. 设计管理 [M]. 北京：化学工业出版社，2009.

[150] J LEMAY, L NOTASH. Configuration engine for architecture planning of modular parallel robots [J]. Mechanism and Machine Theory, 2004, 39: 101-117.

[151] T D MILLER. Defining modules, modularity and modularization-evolution of the concept in a historical perspective [C]. Design for Integration in Manufacturing, proceedings of the 13th IPS Research Seminar, 1998, Aalborg, Denmark.

[152] T FUKUDA, S NAKAGAWA. Dynamically reconfigurable robotic system [C]. IEEE International Conference on Robotics and Automation, April 24-29, 1988, Philadelphia, USA.

[153] K H WURST. The conception and construction of a modular robot system [C]. Proceedings of the International Symposium on Industrial Robotics, 1986, Belgium.

[154] 高飞，肖刚，陈久军. 基于产品平台的大批量定制设计进程研究 [J]. 计算机集成制造系统，2007，13 (12)：2301-2307.

[155] 王海军，孙宝元. 客户需求驱动的模块化产品配置设计 [J]. 机械工程学报，2005，41 (4)：85-91.

[156] 郝佳，杨海成，阎艳，等. 面向产品设计任务的可配置知识组件技术 [J]. 计算机集成制造系统，2012，(4)：35-42.

[157] 李中凯，程志红，程刚. 复杂机电产品柔性平台模块化再设计集成方法 [J]. 计算机集成制造系统，2012，(8)：1810-1818.

[158] H J PELS. Secure modular design of configurable products [C]. LFIP International Conference on Product Lifecycle Management, July 10-12, 2017, Seville, Spain.

[159] D PAVLIC, M STORGA, N BOJCETIC, et al. Generic product structure of the configurable product [C]. International Design Conference, May 18-21, 2004, Dubrovnik, Croatia.

[160] T SOININEN, M STUMPTNER. Artificial intelligence for engineering

design [J]. Analysis and Manufacturing, 2003, 17 (1): 1-2.

[161] 雍明培，余雄庆. 基于模块化产品平台的飞机族设计技术探讨 [J]. 飞机设计，2006，(4)：30-36.

[162] J X JIAO, T W SIMPSON, Z SIDDIQUE. Product family design and platform-based product development: a state-of-the-art review [J]. Journal of Intelligent Manufacturing, 2007, 18: 5-29.

[163] A BRUNETE, M HERNANDO, E GAMBAO, et al. A behavior-based control architecture for heterogeneous modular, multi - configurable, chained micro-robots [J]. Robotics and Autonomous Systems, 2012, 60: 1607-1624.

[164] G QIAO, G SONG, Y ZHANG, et al. Role-based configuration representation for modular reconfigurable robots [C]. IEEE International Conference on Information and Automation, August 26 - 28, 2013, Yinchuan, China.

[165] 白晶，秦现生，张顺琦，等. 基于模块可拓性的产品配置设计 [J]. 计算机集成制造系统，2009，(11)：2089-2095.

[166] 陈磊，潘翔，叶修梓，等. 基于本体的产品知识表达和检索技术研究 [J]. 浙江大学学报：工学版，2008，(12)：2037-2042.

[167] 吴鹏，王曰芬，丁晟春，等. 基于本体的机械产品设计知识表示研究 [J]. 情报理论与实践，2013，(10)：91-95.

[168] M CECCARELLI, L CERULO, A SANTONE. De novo reconstruction of gene regulatory networks from time series data, an approach based on formal methods [J]. Methods, 2014, (69): 298-305.

[169] T R GRUBER. A translation approach to portable ontology specifications [J]. Knowledge Acquisition, 1993, 5 (2): 199-220.

[170] N GUARINO. Formal Ontology and Information Systems [C]. In Guarino N (Eds.), Proceedings of Formal Ontology in Information Systems, June 6-8, 1998, Trento, Italy.

[171] A G PEREZ, V R BENJAMINS. Overview of knowledge sharing and

reuse components: ontotogies and problem-solving methods [C]. Proceedings of the IJCAI-99 workshop on Ontologies and Problem-Solving Methods (KRR5), 1999, Stockholm, Sweden.

[172] 王洪伟，段永瑞，蒋馥. 基于 UML 扩展机制的本体模型的可视化研究 [J]. 管理工程学报，2006，(3)：67-73.

[173] N F NOY, D L MCGUINNESS. Ontology development 101: A guide to creating your first ontology [R]. USA: Knowledge Systems Laboratory Technical Report KSL - 01 - 05 and Stanford Medical Informatics Technical Report SMI-2001-0880, 2001.

[174] 邓志鸿，唐世渭. 本体内代数系统之研究 [J]. 计算机工程与应用，2001，(23)：7-8.

[175] 杨国良. 工业机器人动力学仿真及有限元分析 [D]. 武汉：华中科技大学，2007.

[176] D S ALEKSIC. Product configurators in SME one-of-a-kind production with the dominant variation of the topology in a hybrid manufacturing cloud [J]. International Journal of Advanced Manufacturing Technology, 2017, 92 (5-8): 1-23.

[177] M KIM, D CHOI. Design and development of a variable configuration delivery robot platform [J]. International Journal of Precision Engineering and Manufacturing, 2019, 20 (10): 1757-1765.

[178] 李中凯，谭建荣，冯毅雄，等. 基于多目标遗传算法的可调节变量产品族优化 [J]. 浙江大学学报（工学版），2008 (06)：117-122.

[179] 中国知网工具书库 [EB]. http://gongjushu.cnki.net/crfdhtml/r200705041/r200705041.6e0c4d.html.

[180] RAHUL CHOUGULE, VINEET R. KHARE, KALLAPPA PATTADA. A fuzzy logic based approach for modeling quality and reliability related customer satisfaction in the automotive domain [J]. Expert Systems with Applications, 2013, (40): 800-810.

[181] K KAMVYSI, K GOTZAMANI, A ANDRONIKIDIS, et al. Capturing

and prioritizing students' requirements for course design by embedding Fuzzy-AHP and linear programming in QFD [J]. European Journal of Operational Research, 2014, (237): 1083-1094.

[182] Y Y LIU, J ZHOU, Y Z CHEN. Using fuzzy non-linear regression to identify the degree of compensation among customer requirements in QFD [J]. Neurocomputing, 2014, (142): 115-124.

[183] P RESNIK. Using information content to evaluate semantic similarity in a taxonomy [J]. International Joint Conference on Artificial Intelligence, August 20-25, 1995, Montreal, Quebec, Canad.

[184] Y JIANG, X M WANG, H T ZHENG. A semantic similarity measure based on information distance for ontology alignment [J]. Information Sciences, 2014, (278): 76-87.

[185] P D H ZADEH, M Z REFORMAT. Assessment of semantic similarity of concepts defined in ontology [J]. Information Sciences, 2013, 250: 21-39.

[186] M BATET. A semantic similarity method based on information content exploiting multiple ontologies [J]. Expert Systems with Applications, 2013, (40): 1393-1399.

[187] D SáNCHEZ, M BATET, D ISERN, et al. Ontology-based semantic similarity: a new feature-based approach [J]. Expert Systems with Applications, 2012, (39): 7718-7728.

[188] A S RIBALTA, D SáNCHEZ, M BATET, et al. Towards the estimation of feature-based semantic similarity using multiple ontologies [J]. Knowledge-Based Systems, 2013, 55: 101-113.

[189] D RICHARDS, S V SPLUNTER, M SABOU. An experience report on using DAML-S [J]. The Twelfth International World Wide Web Conference Workshop on E-Services and The Semantic Web, May 20-24, 2003, Budapest, Hungary.

[190] 徐泽水. 不确定多属性决策方法及应用 [M]. 北京：清华大学出版社，2004.

[191] 舒礼莲. 基于 Spring MVC 的 Web 应用开发 [J]. 计算机与现代化，2013，11：167-168.